U0171472

图书在版编目（CIP）数据

庞然大物 /（英）科林 · 海因森著；（意）朱莉娅 · 隆巴尔多绘；蔡晓萌译 . — 广州：新世纪出版社，2022.9

ISBN 978-7-5583-3324-8

Ⅰ . ①庞… Ⅱ . ①科… ②朱… ③蔡… Ⅲ . ①建筑 - 世界 - 少儿读物 Ⅳ . ① TU-49

中国版本图书馆 CIP 数据核字 (2022) 第 090340 号

广东省版权局著作权合同登记号　图字：19-2022-033 号

Colossus written by Colin Hynson (the Author) and illustrated by Giulia Lombardo (the Illustrator)
First published in the United Kingdom by Templar Publishing,

出 版 人：陈少波
责任编辑：温　燕
责任校对：刘　璇
责任技编：陈静娴
装帧设计：刘邵玲

庞然大物
PANGRAN-DAWU
［英］科林 · 海因森 著［意］朱莉娅 · 隆巴尔多 绘 蔡晓萌 译

出版发行：SPM 南方传媒 | 新世纪出版社（广州市越秀区大沙头四马路12号2号楼）
经销：全国新华书店
印刷：当纳利（广东）印务有限公司
开本：635mm × 1016mm　1/16
印张：5
字数：168.3 千
版次：2022 年 9 月第 1 版
印次：2022 年 9 月第 1 次印刷
定价：98.00 元

质量监督电话：020-83797655　购书咨询电话：010-65541379

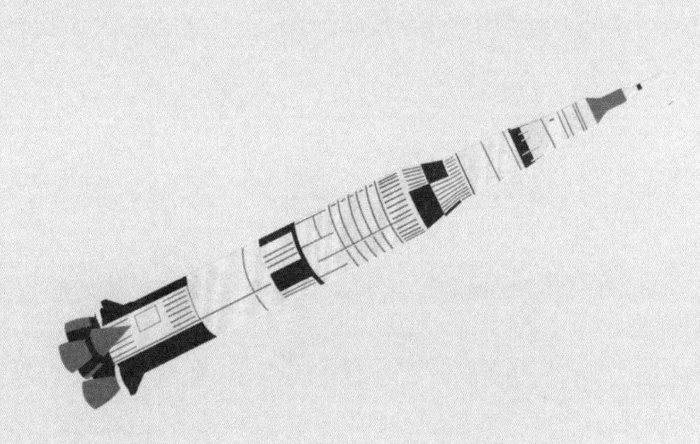

庞然大物

[英] 科林 · 海因森 著 [意] 朱莉娅 · 隆巴尔多 绘 蔡晓萌 译

SPM 南方传媒 | 新世纪出版社
· 广州 ·

目录

工程师给我们提供了**住房**，
创造出可供使用的**能源**，建造
了具有标志性的纪念碑，甚至
还把人类送上了**太空**。

工程师是做什么的

无论你在哪里，环顾四周，你会发现工程无处不在。房屋、桥梁、汽车，甚至是你脚下的道路，所有这些都是由工程师设计的。那么，工程师究竟是做什么的呢？

简单地说，工程师就是为日常难题找到实际解决方案的人。几千年前，面对河流，行路者只能冒着危险蹚过去。于是，早期的古代工匠建造了桥梁，这样人们就可以安全渡河了。多少个世纪以来，具有创新精神的工程师们为人类面临的许多挑战提供了解决方案——无论是建造房屋以保护人们免受风雨侵袭，还是修建城墙来防御外来攻击。

还有一些非凡的工程，它们或是为了让人们铭记，或是权力、信仰的象征。在古代文明中，许多工程都是为了敬奉神灵或纪念某位著名人物而设计建造的。然而，还有些著名的人类遗迹，因为时间过于久远，我们已经无从得知它们是如何或为什么而建造的了。

今天，工程师们面临着新的挑战。随着世界人口的增长，他们需要找到建造占用空间更少的住宅的方法。为了解决住宅短缺问题，人们建造了高耸入云的摩天大楼，有些国家甚至为此填海造岛。同时，人们还在开发新的能源，以减轻因使用化石能源造成的污染。

本书展示了一些人类历史上最具创造性的工程。从古埃及的金字塔到世界上最高的摩天大楼，从壮观的桥梁到雕像，从横跨大洲的铁路线到巨大的空间站……所有这些都是由卓越的工程师带给我们的。

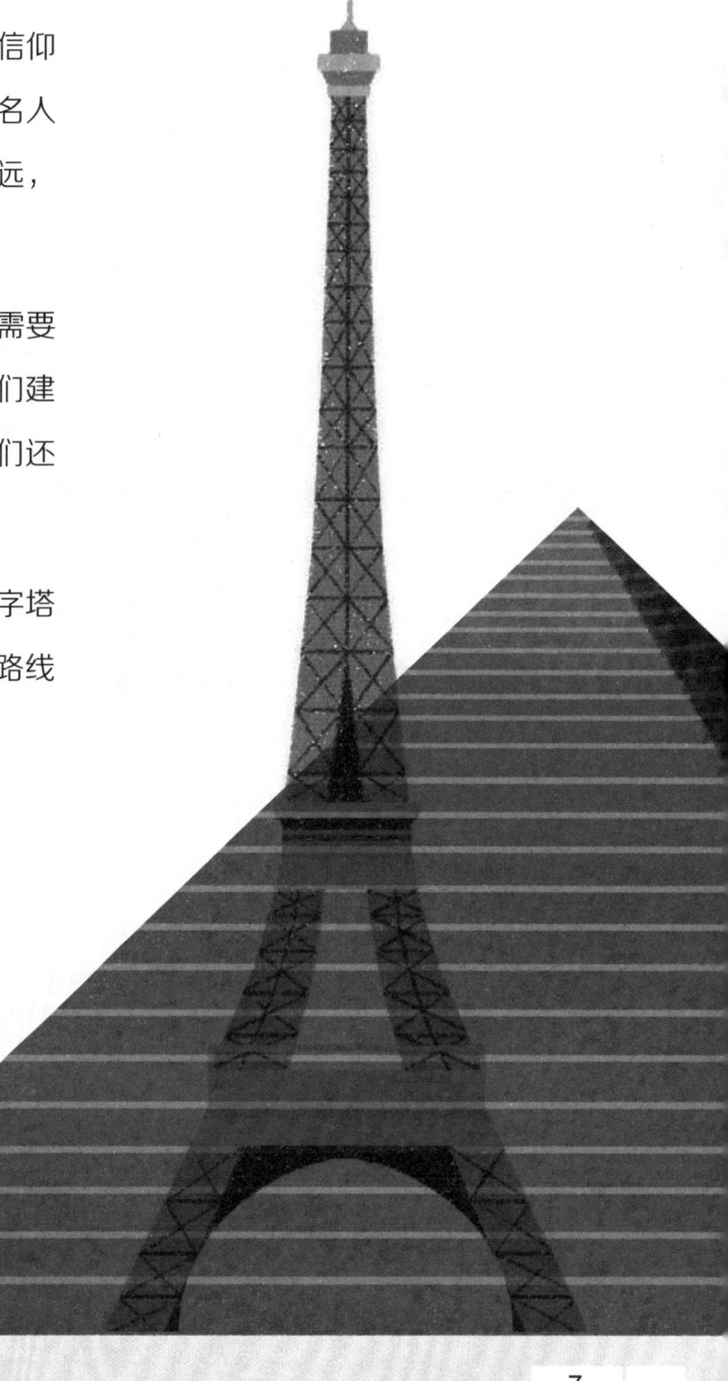

古代技术

即使在今天，我们也会为许多古代建筑的规模和气势而赞叹。从英国的史前遗迹巨石阵、埃及高耸的金字塔，到气度非凡的中国长城，我们的世界有许多令人难以置信的工程壮举。这些体量庞大的建筑之所以令人印象深刻，是因为在它们被设计和建造的年代，根本没有今天这些已经被人类熟练掌握的现代技术可以使用。

在**土耳其**安纳托利亚东南部发现的哥贝克力石阵，经鉴定至少有**11,500 年**的历史。

吉萨大金字塔

埃及，开罗吉萨

这座有4500多年历史的金字塔有将近150米高，在建成后长达3800年的时间里，几乎一直保持着世界最高建筑物的纪录。虽然今天没有人能确切地知道埃及金字塔是如何建造起来的，但据说，大约有4000名熟练的技术工人为此全年无休地工作了30年，同时还有数以万计的奴隶和非技术工人参与了工程建设。在某些当时的图画上可以看到，工人们是用一种类似雪橇的工具将沉重的石块运至坡道的，但今天的人们并不清楚这些石块是如何被抬至建造位置的。随着金字塔越建越高，工作面的坡道也需要铺设得更高更长。

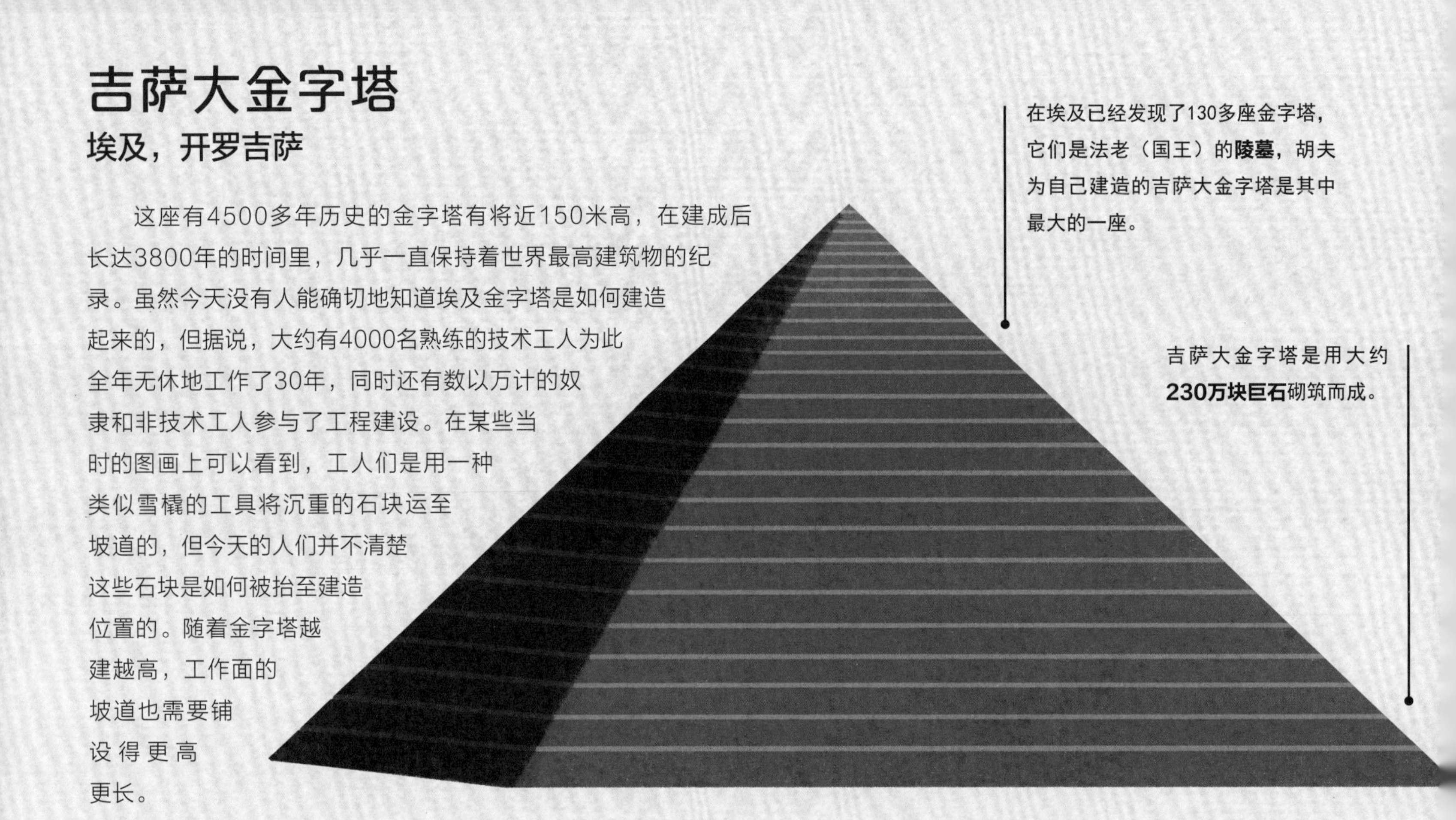

人类和机械的力量

今天，人们使用大型机械来建造高大的建筑物，而古人完成同样的工作却只能依靠人力和畜力。据估计，在古罗马，建设大角斗场的工人超过10万名，而到了大约1900年后，建造帝国大厦的工人只有3000多名。

现代化的工具也使建筑工作轻松了很多。在古代文明时期，人们使用的工具不仅非常简单，而且通常是就地取材。比如，中美洲的玛雅人在建造巨大的石质神庙和宫殿的时候，并没有金属工具可以使用，他们用的是一种硬度类似于燧石或曜石的硬石工具，来处理硬度低一些的建筑石材。

建筑材料

建造高耸入云的现代摩天大楼所使用的玻璃、钢和铝等材料来自世界各地，但是古代的建筑工程只能使用附近能找到的材料。中国的长城始建于公元前7世纪，建造时间前后持续上千年，绵延上万千米。它有的段落是用夯土筑成的，有的段落是用石头建成的，有的段落是用砖头和土建成的，这一切都取决于当时的建造者能从当地收集到什么样的材料。

罗马大角斗场
意大利，罗马

在意大利首都罗马市中心，矗立着规模宏大、最令人难忘的古罗马建筑之一——罗马大角斗场。它建于公元70—82年，是罗马帝国统治者观看奴隶相互搏斗或奴隶同猛兽搏斗的娱乐场所。大角斗场的很大一部分是由古代混凝土浇筑而成的，这在当时是一种新材料。

很多壮观的古罗马建筑，包括罗马大角斗场，它们得以建造起来全靠大量的**奴隶和战俘**付出的劳动。

吴哥窟
柬埔寨，暹粒省

吴哥窟建于12世纪，是柬埔寨古代石构建筑和石刻浮雕的杰出代表，也是吴哥古迹中保存得最完好的宗教建筑遗产群。整个工程使用了多达1200万块砂岩，而这些砂岩来自50千米以外的采石场。在没有现代卡车的情况下，搬运这些石块堪称一项壮举！人们将石块放在结实的木筏上顺流而下进行运输。更令人赞叹的是，这些建筑的每一面墙上、每一根柱子上，甚至屋顶上，都满是精致的石刻浮雕。

人们用一种几乎看不见痕迹的**植物类黏合剂**将石块粘在一起，而不是采用通常所用的砂浆。

在中世纪曾使用过踏轮式起重机，人或动物需要进入中央轮子里，通过踩踏踏轮带动起重装置，有点儿像仓鼠踩踏仓鼠轮。

起重机

起重机最早是由古希腊人和古罗马人开始使用的，主要是用于水平搬运东西。到了13世纪，欧洲人才开始使用起重机来升降物体。早期的起重机是用木头做的，直到18—19世纪工业革命时期，人们才开始用钢铁来制造更加坚固的起重机。

在英文中，起重机和鹤用的是同一个单词（crane），这是因为起重机的悬臂看上去很像**鹤**的长脖子。

狮身人面像

埃及，开罗吉萨

在吉萨，古埃及第四王朝法老哈夫拉的金字塔附近，有一座巨大的狮身人面像。古代神话中有一种怪兽，长着狮子的身体和人的头，名叫斯芬克斯。这座狮身人面像是依照斯芬克斯的形貌，据说由一整块巨大的岩石雕刻而成，象征法老的威严。有学者认为，狮身人面像是由公元前26世纪建造哈夫拉金字塔的同一批技术工人雕刻出来的。然而，由于没有可靠的年代证据，考古学家对狮身人面像的建造时间意见不一。

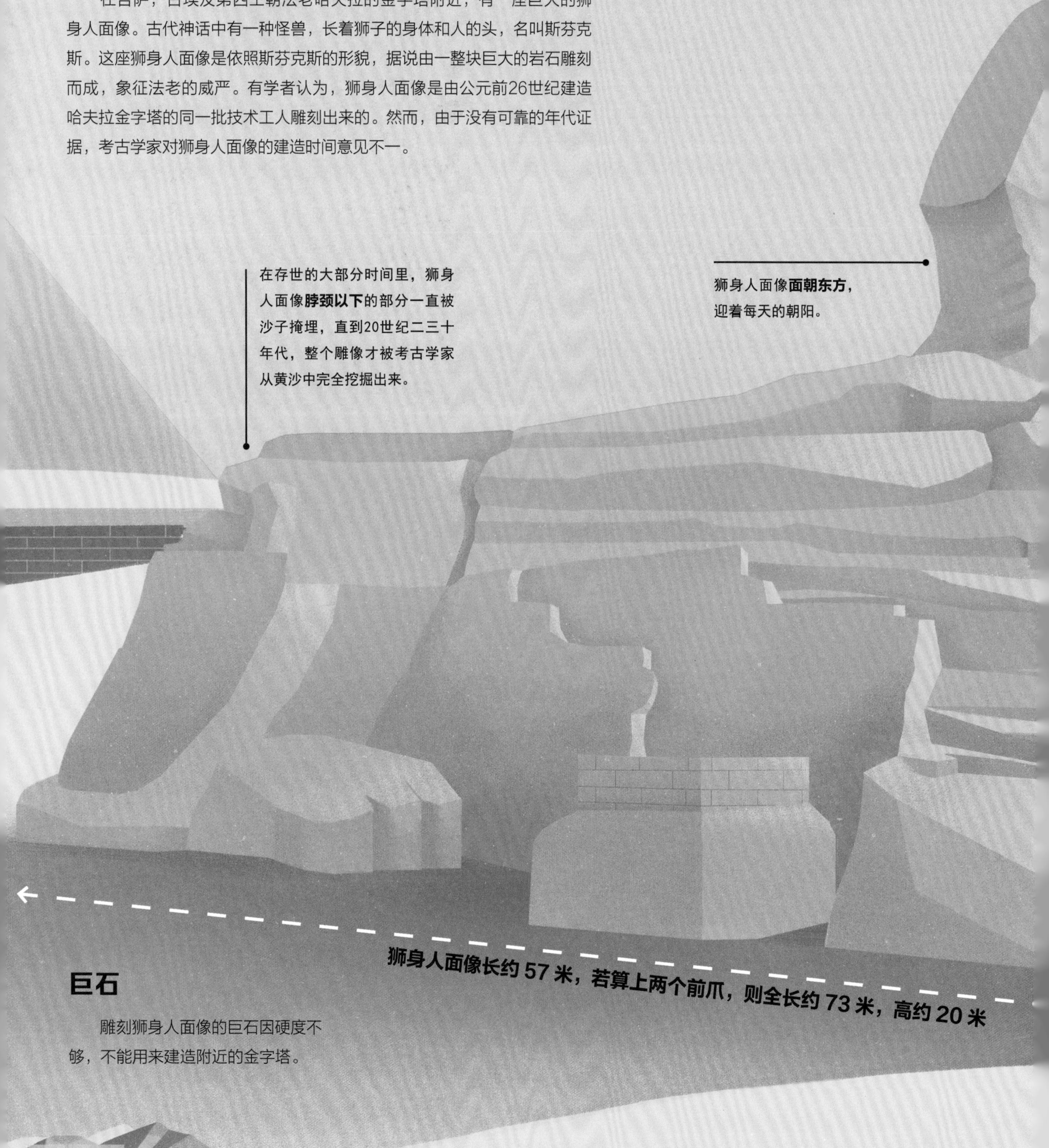

在存世的大部分时间里，狮身人面像**脖颈以下**的部分一直被沙子掩埋，直到20世纪二三十年代，整个雕像才被考古学家从黄沙中完全挖掘出来。

狮身人面像**面朝东方**，迎着每天的朝阳。

狮身人面像长约 57 米，若算上两个前爪，则全长约 73 米，高约 20 米

巨石

雕刻狮身人面像的巨石因硬度不够，不能用来建造附近的金字塔。

人们在石像上发现了残留的**红色**、**蓝色和黄色**的颜料，表明狮身人面像曾经**色彩鲜艳**。

狮身人面像最初建成的时候，面部有完整的鼻子，下巴有石雕的胡子。人们在附近曾挖掘出脱落的石雕胡子碎片，但是没人知道**鼻子**和**胡子**是在什么时候，又是如何被破坏的。

狮身人面像上那些**被水侵蚀的痕迹**在提醒我们，几千年来埃及曾经遭受过巨大的水患。

桥梁

在从一个地方到另一个地方的旅行途中，道路经常因为遇到障碍而中断，比如被河流、深谷或者其他道路阻隔。为了跨越这些障碍，就需要建造桥梁。有些古老的桥梁直至今天还依然挺立着，比如，希腊的阿卡迪科乱石拱桥有3000多年的历史，中国的赵州桥建于1400多年前。如今，人们修建的桥梁长达数十至上百千米，高达数百米，常常成为当地的标志性建筑。

丹昆特大桥

中国，京沪高速铁路丹阳至昆山段

丹昆特大桥是一座铁路桥，全长164.851千米，是目前世界第一长桥。它是中国京沪高铁工程的一部分，桥体穿过的区域河湖密布、路网纵横，全部采用高架桥，跨越了多种类型、等级的公路、铁路和水道。约有1万人参与了丹昆特大桥的建设，花了3年多时间，最终于2011年6月30日建成通车。

大桥有**4995个桥墩**。

丹昆特大桥全长 164.851 千米

伦敦塔桥

英国，伦敦

伦敦塔桥是伦敦市内最著名的景点之一，建于1886—1894年。它既是一座悬索桥，还是一座开启桥，这意味着两端桥塔之间的桥面部分可以打开，让大型船只从桥下通过。

在两座花岗石和钢铁结构的五层方形高塔之间，桥分上、下两层，下层可以**开合**，供轮船往来，行人由上层过桥。

当年，和伦敦塔桥的设计方案一起提交的**竞赛方案**超过50个。

建桥不是一件小事

桥梁需要足够坚固，才能在暴风雨等恶劣天气下岿然不动，同时承载往来的交通工具。专为行人设计的步行桥是无法承载大型卡车通过的。所以，桥梁采用怎样的设计，使用什么样的建筑材料，很大程度上取决于对桥梁的使用需求。

由于桥梁需要经受恶劣的天气、繁忙的交通、突发的自然灾害等各种考验，所以，必须经常对它们进行检查，以确保其安全度。现代工程师使用诸如传感器等高科技设备来检测桥梁的强度，查找可能需要修复的薄弱环节。

各种各样的桥梁

最简单的桥型是梁式桥，它就像一根梁一样横跨在障碍（如河流）之上，下面一般用桥墩来支撑。这种桥梁适合跨越距离比较短的情况。桁架桥，比如上海的外白渡桥，通过金属或木杆件的相互交叉组成结构体系来支撑桥梁的重量。拱式桥使用巨大的拱来分散桥体结构的重量，而悬索桥则通过高大的索塔拉结起巨大的钢缆支撑桥面主体。悬臂桥最早建于19世纪，采用“悬臂”或悬挑到空间中的结构形式，即只对结构的一端进行锚固。

悉尼海港大桥

澳大利亚，悉尼

悉尼海港大桥被当地人昵称为“大衣架”，这座具有标志性的单孔钢拱桥与举世闻名的悉尼歌剧院隔海相望。从破土建造到1932年竣工通车，整个工程历时8年多，大桥全部用钢量约5.3万吨，使用了600万个手工制作的铆钉。

这座桥原本的工程方案设计的是悬臂桥，但建造计划因第一次世界大战而推迟。当造桥计划重启时，政府确认拱桥的设计更为适合。

悉尼海港大桥像一道横贯港湾的长虹，桥拱跨度503米，最高处距海面134米，曾是世界第一**单孔拱桥**。

桥拱跨度 503 米

悬索

金门大桥有两条主缆索，每条长度超过2000米，直径约0.9米。两条缆索都是由27,000多根钢丝绞在一起而成的，如果把所有这些钢丝头尾相接连起来，能绕地球3圈多。

金门大桥

美国，加利福尼亚州金门海峡

金门大桥横跨金门海峡南北两岸，为人们进出圣弗朗西斯科（旧金山市）及两岸来往提供了便利。1933年初，大桥的建设在海峡两岸同时开工，强风、暴雨和浓雾给施工工作带来重重困难和危险。最终，大桥于1937年建成通车。

金门大桥主桥全长1981.2米，南北两侧耸立两座门字形桥塔，两塔之间的跨度为1280米，桥塔高出水面近230米，是当时世界上最高和最长的悬索桥。直到今天，它也是世界上最著名的桥梁之一。

摩天大楼

摩天大楼并不仅仅是一座高层建筑。在大部分建筑只有一两层楼高的时代，一些文明古国就已建造出高达20多米的建筑物，甚至建造了高约67米的木塔，这是十分了不起的成就。摩天大楼是近100年才出现的，它们通常采用钢框架结构，就像是用一副金属骨架将整个结构体系支撑起来，再将外立面用“幕墙”围合，这部分不承担任何结构重量。因此，这些“幕墙”可以用轻质材料制成，比如玻璃，这也是许多摩天大楼在阳光的照射下闪闪发光的原因。

为什么建造摩天大楼

摩天大楼通常出现在城市中心，因为那里很难为新建筑找到足够的土地，即使有也非常昂贵。而建造摩天大楼可以通过竖向而不是横向的扩展来获得更多的空间。

建造摩天大楼的困难

摩天大楼最主要的问题是自重非常大，如果结构计算不严谨，就有倒塌或下陷的风险。通常的结构方案是，将钢框架结构插入到深埋地下的钢筋混凝土基础上，最终由基础来承担整个建筑的重量。新型材料和优化设计能够使摩天大楼在变高的同时也变得更轻。

所有摩天大楼的刚度都必须大到能够抵御大风，并且在风大的时候也只会有轻微摇摆。在设计摩天大楼时，还要考虑它的抗震性和抵御火灾等灾害的能力。

摩天大楼里的垂直交通

继1852年发明了安全升降梯（即使缆绳断了，升降梯也不会坠落）后，1880年又建成了世界上第一台电力驱动升降机。高耸的摩天大楼中的快速直达电梯，只在某几层停靠——就像高速列车一样，之后，人们可以转乘另一部每层都停的电梯到达其他楼层。

帝国大厦

美国，纽约

帝国大厦建成于1931年，当时正值摩天大楼的建设高峰，建造世界最高建筑的竞争十分激烈。这座装饰艺术风格的标志性建筑共有102层，以381米的建筑高度击败了纽约的克莱斯勒大厦和华尔街40号，夺得了当时世界最高建筑的称号，并将这一纪录保持了约40年。它也是世界上第一座超过100层的摩天大楼。

双子星塔

马来西亚，吉隆坡

这座双塔摩天大楼高452米，曾经是世界上最高的建筑，之后被台北101大楼超越，不过，双子星塔至今仍是世界上最高的双塔。双塔由一座天桥连接，距离地面170米高，站在上面令人目眩。双子星塔还拥有世界上最深的地基，埋深达114米。

哈利法塔

阿拉伯联合酋长国，迪拜

哈利法塔2004年开始兴建，2010年竣工，楼层总数162层，高828米。这座摩天大楼不仅是迄今为止世界上最高的建筑，还打破了许多其他世界纪录。它拥有最高的室外观景台（离地面555米）、最高的入住楼层（第124层）和世界上最高的电梯。

建造哈利法塔共耗费了约2200万个工时。

在20世纪30年代，施工安全条例还很不完善，导致至少5人在施工过程中**丧生**。

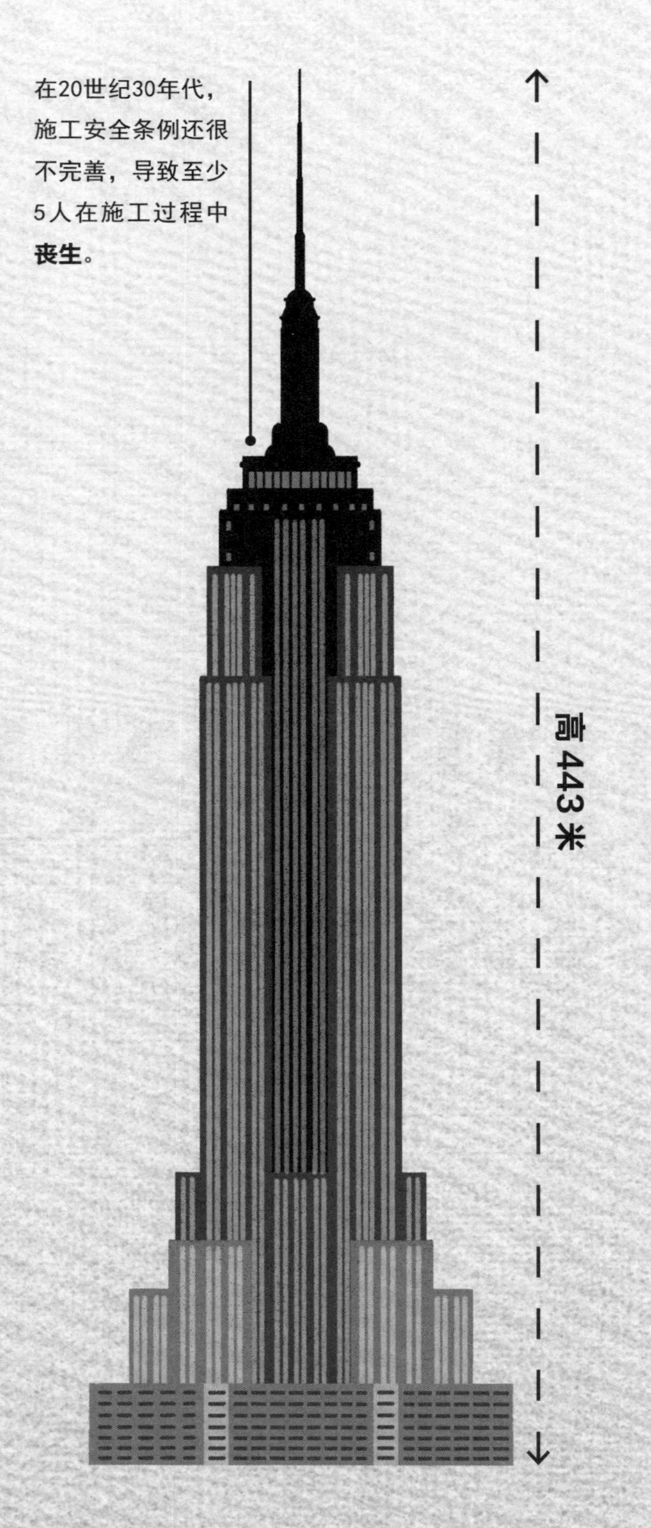

为了避免风力破坏，双子星塔采用了**“筒中筒”**的结构形式。

塔楼充满现代化的设计包含了**伊斯兰艺术风格**的图案。

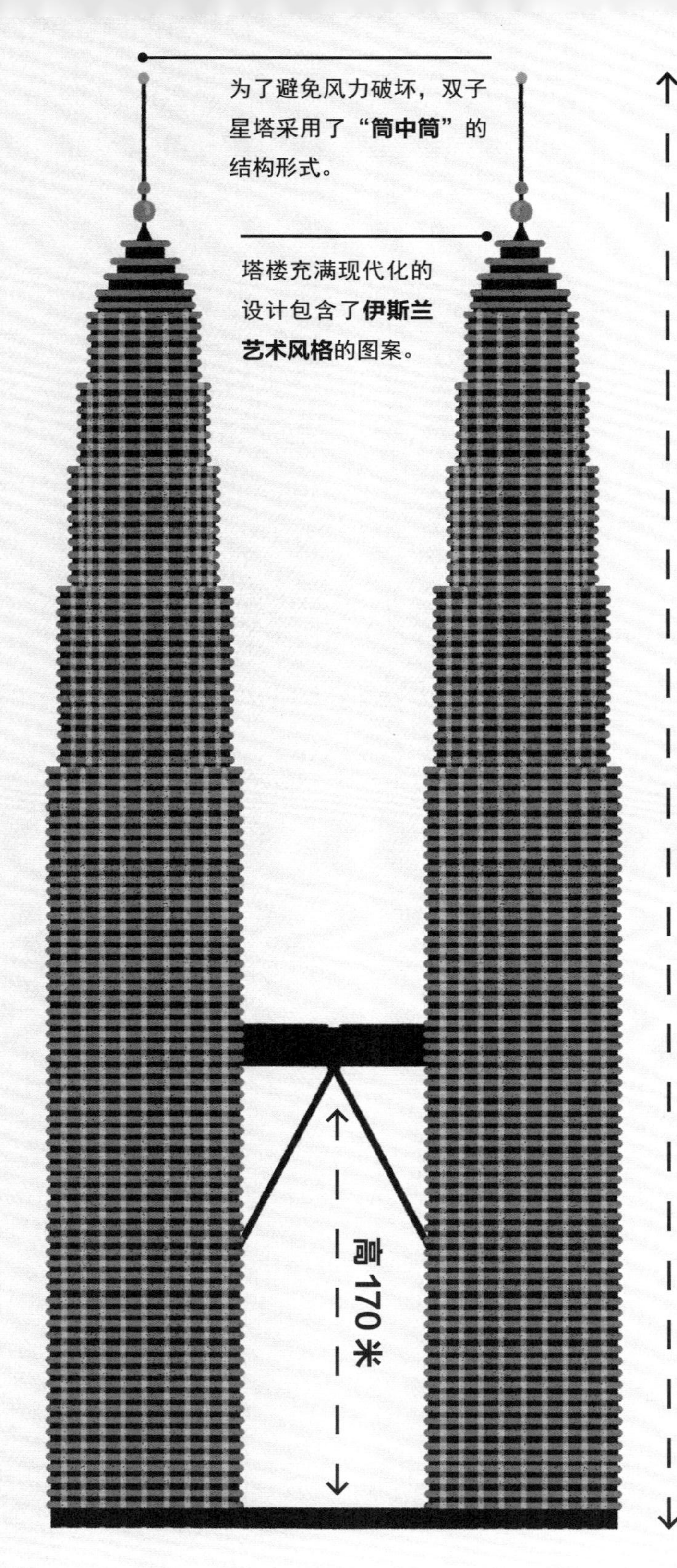

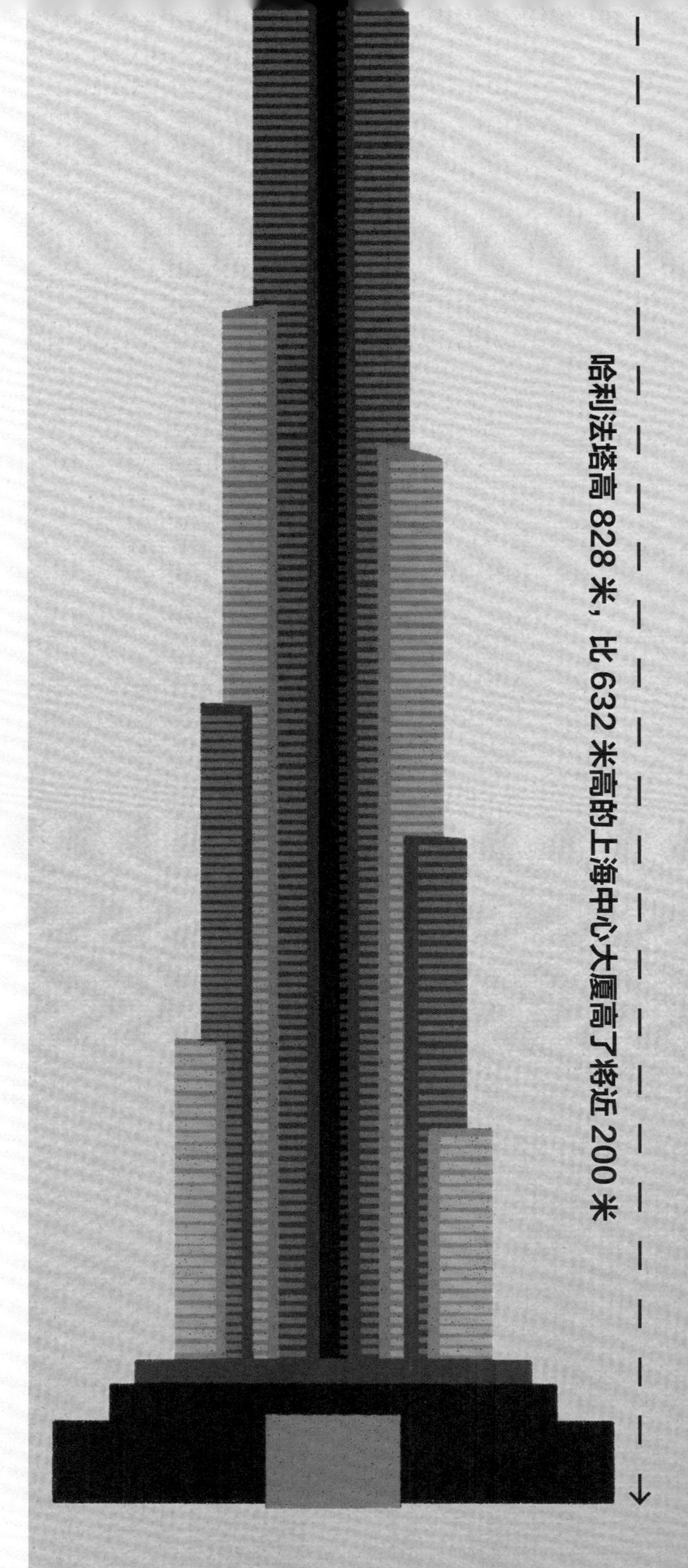

哈利法塔高 828 米，比 632 米高的上海中心大厦高了将近 200 米

碎片大厦

英国，伦敦

当英国政府决定用一座新的摩天大楼取代泰晤士河畔的南华克大厦——一座建于20世纪70年代的破旧办公楼时，他们声称要造一座“设计独特”的新建筑。碎片大厦是一座高309.6米、由玻璃和钢铁建造的巨人，无疑是符合这一要求的。它的外立面被由外向内倾斜并依次向上堆叠的玻璃所覆盖，这些倾斜的玻璃幕墙以不可预知的方向反射光线，为伦敦的天际线增添了一道亮丽的风景。这座摩天大楼醒目而充满现代化的概念草图是建筑师伦佐·皮亚诺2000年在柏林一家餐厅的菜单背面勾勒出来的。当初，这个设计受到了英国遗产界的批评，他们将其描述为“插在伦敦历史中心的玻璃碎片”。伦佐·皮亚诺非常喜欢以这个为切入点的描述，所以用其为摩天大楼命名——碎片大厦。

在施工期间，建筑工人们**救下**了一只爬到第 72 层楼的**狐狸**。

高 309.6 米

顶层豪华公寓有上下两层，同一座有**7间卧室的豪宅**面积相当。

建筑外立面镶有**11,000多片玻璃**，如果将它们平铺开来，足以覆盖8个足球场。

大厦内部

碎片大厦共95层，72层可用。其中有25层是办公室，13层是住宅公寓，另有一家独占了17层的酒店，以及众多餐厅和观光区，甚至还有欧洲最高的游泳池。

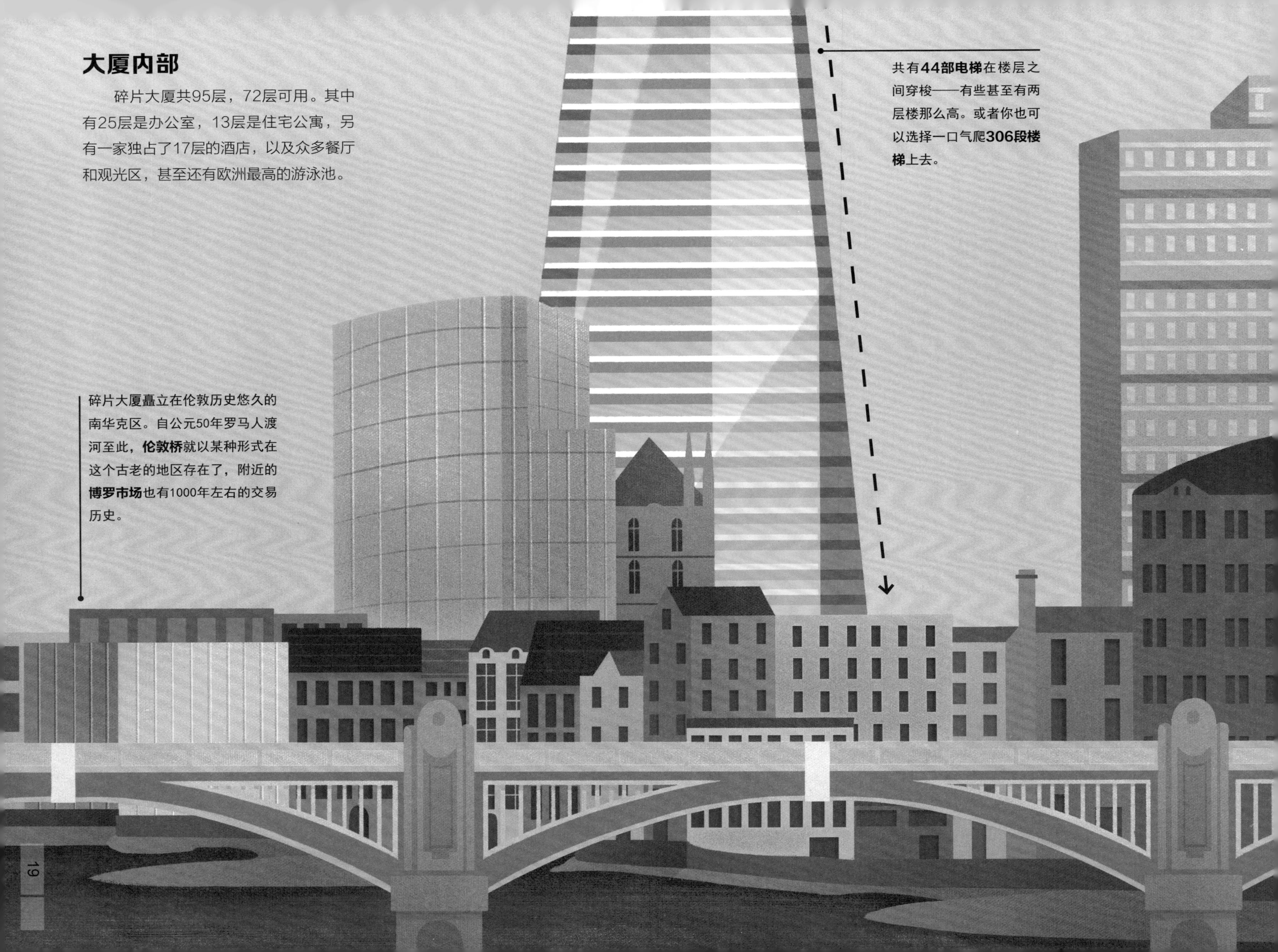

共有**44部电梯**在楼层之间穿梭——有些甚至有两层楼那么高。或者你也可以选择一口气爬**306段楼梯**上去。

碎片大厦矗立在伦敦历史悠久的南华克区。自公元50年罗马人渡河至此，**伦敦桥**就以某种形式在这个古老的地区存在了，附近的**博罗市场**也有1000年左右的交易历史。

航天工程

人类的空间探索始于1957年，当时苏联发射了人类历史上的第一颗人造卫星斯普特尼克一号。1961年，苏联航天员尤里·加加林成为世界上第一个进入太空的人；1969年，美国航天员尼尔·奥尔登·阿姆斯特朗成为第一个踏上月球的人。要做到这些，有太多前所未有的难题需要航天技术人员去攻克，尤其要解决广阔无垠的太空中几乎没有重力和氧气的问题。

土星5号运载火箭

从地球到月球

1969年7月20日，航天员尼尔·阿姆斯特朗和奥尔德林成为首批登上月球的人。他们乘坐的阿波罗11号飞船由土星5号运载火箭送入太空。土星5号是三级液体巨型火箭，随着燃料耗尽，各级推进器与主体分离后脱落，而载人飞船奔向月球轨道。月面活动任务结束后，登月舱与指挥舱对接，返回地球。

土星5号每秒需要消耗燃料**20.5吨**。

高110.6米

1967—1972年，土星5号执行了7次载人登月飞行任务，6次成功，先后将**12名航天员**送上月球。

装满燃料后的土星5号质量超过**3000吨**，因此需要**特制的运输装置**将其送达发射地点。

阿波罗 11 号登月任务所需的所有**计算**全部由**手工完成**，没有借助计算机。

引力与起飞

火箭的发射速度必须足够快，才能摆脱地球引力的束缚。如果要从地球表面发射登月航天器，火箭的初始速度必须超过11.2千米每秒。

一旦进入太空，重力微乎其微，甚至根本不存在，这导致许多机器和工具无法在太空中工作。即便像吃饭和上厕所这样的日常行为，也需要经过精心设计，航天员才能完成。

宇宙尘埃

宇宙尘埃在宇宙真空中运动着，一旦它们与航天器碰触，就会使精密仪器受到损害。另外，航天器还必须避开那些绕着地球轨道运行的人造卫星。

水和空气

水和空气是生命所必需的，但在太空中却非常难以获得。在空间站里，氧气是从水中提取的，或者是从航天员呼出的气体中回收的。有时候，还会从航天员的呼吸、汗液甚至尿液中回收水。幸运的是，舱室空气再生系统能利用废气、氢气和二氧化碳制造水。

新地平线号探测器

从地球到冥王星

2006年1月19日，新地平线号空间探测器在佛罗里达州肯尼迪航天中心发射升空。它于9年半后飞掠冥王星，飞行距离约48亿千米，成为第一个飞掠冥王星的探测器，并且传回了大量冥王星及其卫星卡戎（冥卫一）的图像及数据。新地平线号探测器是有史以来发射速度最快的人造飞行器。

新地平线号探测器**利用木星的引力助推**，每小时速度增加约14, 000千米。

阿波罗登月任务中，飞船花了**3天**的时间才到达月球，而新地平线号探测器的速度是16. 26千米每秒，只花大约**9小时**就能飞完同样的距离。

航天飞机

往返于地面和宇宙空间、部分重复使用的运载器

像土星5号这样的运载火箭不仅花费巨大，而且造成极大的浪费，因为各组件只能使用一次。1981年，哥伦比亚号航天飞机首次（不载人）成功飞行并返回地面，成为人类征服太空事业发展的新里程碑。虽然航天飞机仍然需要固体推进剂助推器将其推动垂直升空，但是当它返回地球时，进入大气层后就会像普通飞机那样滑翔着陆。返回的航天飞机和回收的助推器经整修可再次使用。

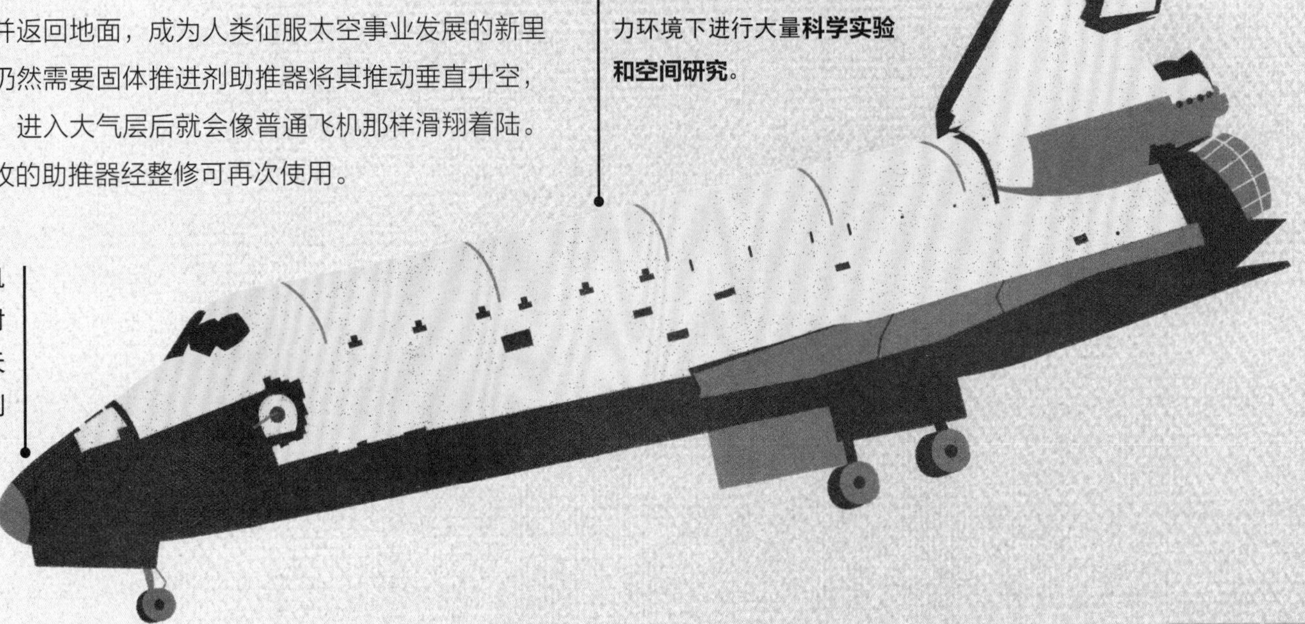

航天飞机除了在天地间运载人员和货物外，还能作为空间实验室，让航天员在微重力环境下进行大量**科学实验和空间研究**。

在轨道上，航天飞机以28, 000多千米的时速飞行，搭载的航天员**每90分钟**就会看到一次日出和日落。

国际空间站

地球上空，约400千米处

在地球上空约400千米的轨道上，国际空间站以约90分钟绕地球一圈的速度飞行着。国际空间站采用桁架挂舱式组合结构，挂靠有许多不同的舱段。这些组件分别在地球上建造，然后在太空中组装。曙光号功能货舱是国际空间站的第一个组件，由俄罗斯人于1998年发射升空。同年，美国制造的组件团结号节点舱发射升空，与曙光号成功对接。自此之后，又陆续增加了很多组件，直到2011年基本建成。从2000年以来，一直有航天员在国际空间站里生活和工作。

国际空间站以太阳光为动力，这多亏了它的**太阳能电池阵列**。这些电池板是由成千上万块太阳能硅电池组成的。空间站的太阳能电池阵列共有**2500平方米**，其中每个**阵列长73米**，比一架波音777飞机还长。

国际空间站的飞行速度约**8千米每秒**，90分钟即可绕地球一圈，一天当中可以看到16次日出日落。

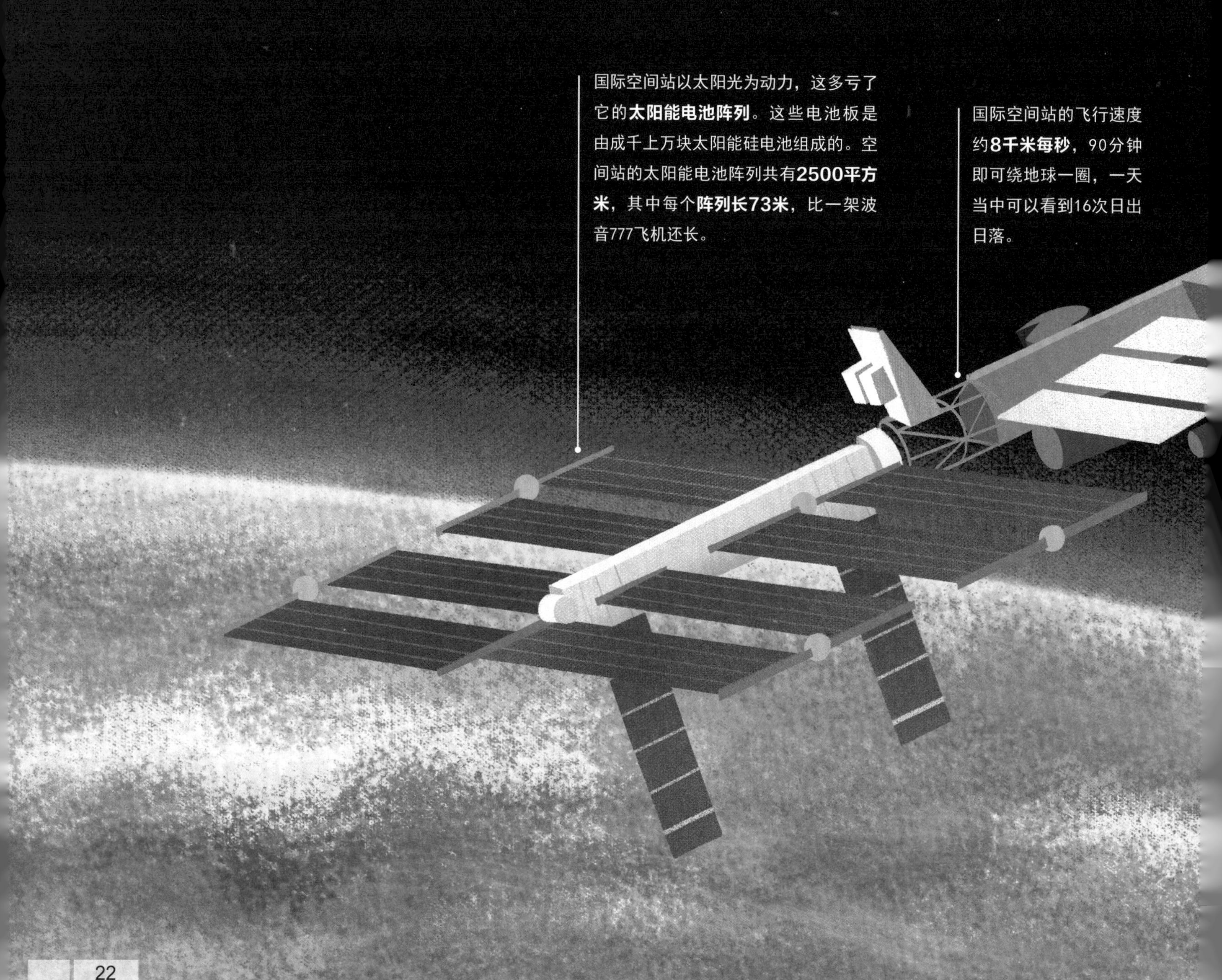

国际空间站可同时容纳**6名航天员**生活和工作，它的内部主要是生活区和各种实验室。

国际空间站是国际合作建造的轨道空间站，有16个参加国。退役时间原定为2015年，但通过延寿措施推迟到了2020年之后。

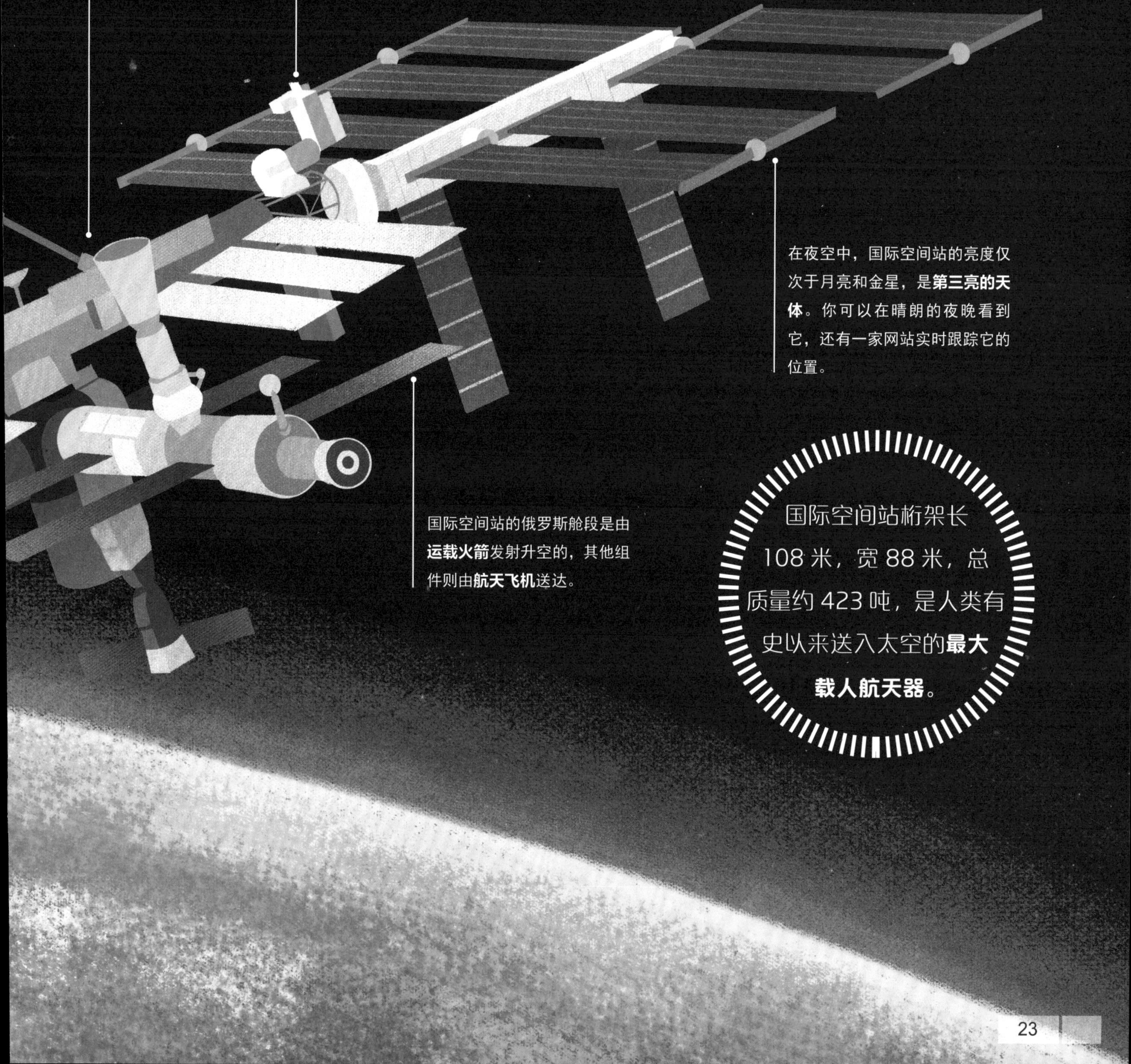

机械臂装在国际空间站的外部，是用来协助建设和维修空间站的。它们曾被用来辅助航天员进行太空行走。

在夜空中，国际空间站的亮度仅次于月亮和金星，是**第三亮的天体**。你可以在晴朗的夜晚看到它，还有一家网站实时跟踪它的位置。

国际空间站的俄罗斯舱段是由**运载火箭**发射升空的，其他组件则由**航天飞机**送达。

国际空间站桁架长108米，宽88米，总质量约423吨，是人类有史以来送入太空的**最大载人航天器**。

隧道

古人曾开凿过一种平缓的地下暗渠，被称为“坎儿井”，有储水、输水的功能，用以灌溉农作物或为城镇居民提供生活用水。第一条坎儿井暗渠大约修建于3000年前。坎儿井先后被不同时期、不同地域的古人使用过，比如中国新疆的哈密、吐鲁番等地，还有中亚、中东、北非一带也有坎儿井。人类历史上最早的公路隧道之一建于罗马帝国时期的意大利，长约1千米。从前，建造隧道只能使用简单的手工工具，如今，人们可以利用先进的爆破技术和巨大的掘进机。

世界上第一条**水下隧道**修建于1825—1843年间，位于伦敦的泰晤士河下。

圣哥达基线隧道

瑞士，阿尔卑斯山区

圣哥达基线隧道是世界上最长的铁路隧道，也是目前世界上最深的隧道。它从阿尔卑斯山脉底部穿过，长57.1千米，建设用时达17年之久，于2016年建成通车。这条隧道通车后，缩短了瑞士与欧洲其他国家之间的铁路交通耗时，令欧洲南北交通更加便利。

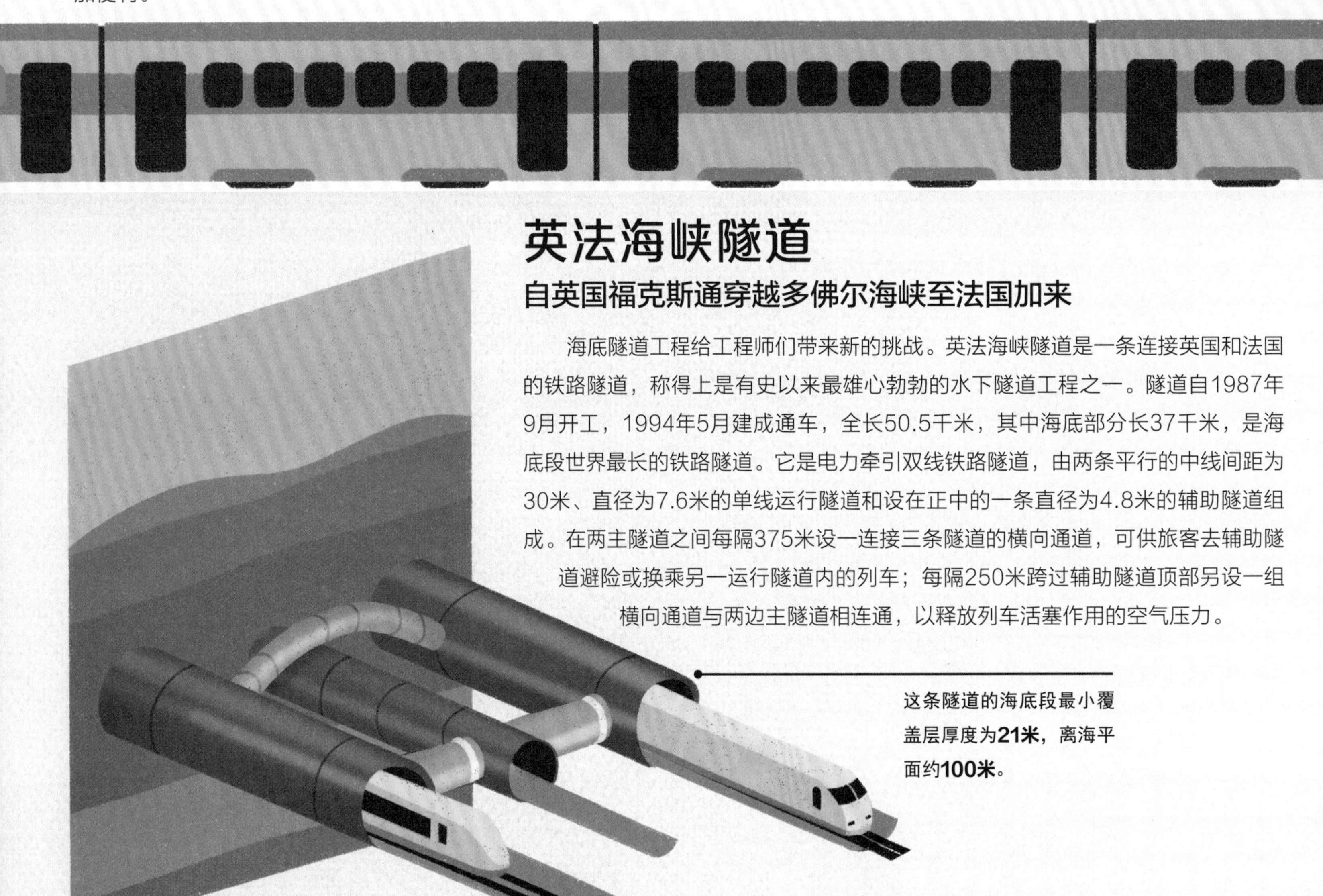

英法海峡隧道

自英国福克斯通穿越多佛尔海峡至法国加来

海底隧道工程给工程师们带来新的挑战。英法海峡隧道是一条连接英国和法国的铁路隧道，称得上是有史以来最雄心勃勃的水下隧道工程之一。隧道自1987年9月开工，1994年5月建成通车，全长50.5千米，其中海底部分长37千米，是海底段世界最长的铁路隧道。它是电力牵引双线铁路隧道，由两条平行的中线间距为30米、直径为7.6米的单线运行隧道和设在正中的一条直径为4.8米的辅助隧道组成。在两主隧道之间每隔375米设一连接三条隧道的横向通道，可供旅客去辅助隧道避险或换乘另一运行隧道内的列车；每隔250米跨过辅助隧道顶部另设一组横向通道与两边主隧道相连通，以释放列车活塞作用的空气压力。

这条隧道的海底段最小覆盖层厚度为**21米**，离海平面约**100米**。

隧道挖掘技术

“明挖暗盖”是挖隧道最简单的方法。先挖出一条长长的沟槽，然后在沟槽上搭建覆盖物，就形成了一条隧道。大多数早期的地下隧道系统都采用这种明挖暗盖的技术建造，贯穿伦敦城东西的“伦敦横贯铁路”项目也应用了此项技术，该铁路就是如今的“女王线”，是欧洲最大的基础设施项目。虽然这种方法简单易行，但只能用于开挖不太深的隧道。如果隧道必须穿过岩体，此法便不再适用了。

隧道掘进机（也被称为“鼹鼠”）是一种可以在土壤和岩石中开凿隧道的圆形切割设备。1846年，世界上第一台掘进机被用于法国和意大利之间铁路隧道的施工中。现代城市的隧道建设也普遍使用这种机器，因为如果采用明挖暗盖的施工方法，就必须封闭繁忙的道路交通。隧道掘进机也可以用来挖掘直径甚至不足半米的微型隧道。

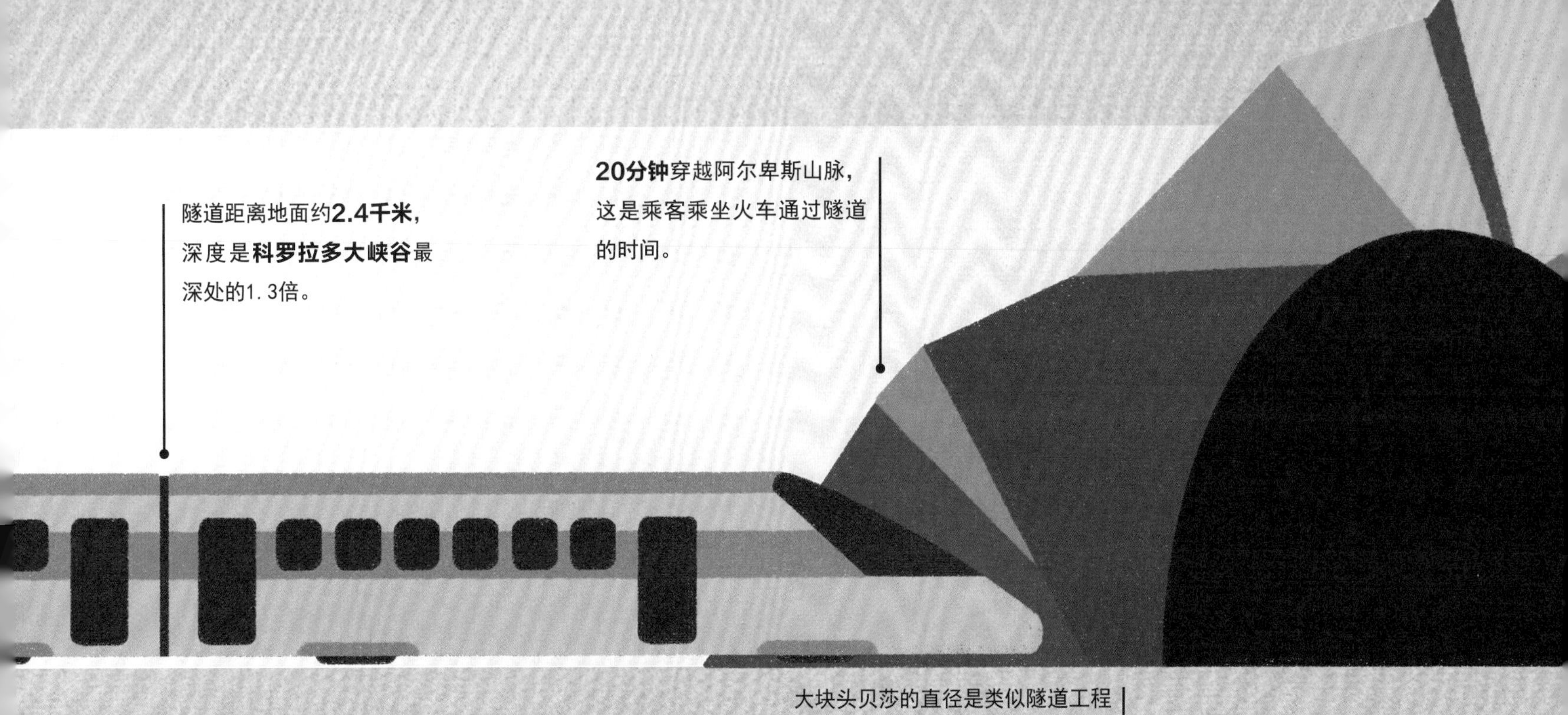

大贝莎
美国，西雅图

贝莎（Bertha），是世界上最大的盾构机的名字。它直径17.5米，长110米，重7000吨，制造它是为了在美国西雅图市的地下挖掘SR99大型立体隧道。贝莎的工作对象是白垩和石灰岩等软质岩层，而不是像花岗岩那样的硬质岩层。不过，这并不意味着它的工作很轻松，相反，工程师们必须设法避免灰尘和沙子进入机器，以免造成损坏。

在给SR99道路隧道工程的盾构机命名的比赛中，孩子们给出了150个不同的名字，最终被选定的名字是Bertha，之所以选它，是因为1926年西雅图市长的名字是Bertha Knight Landes，她是美国历史上的第一位女市长。

大块头贝莎的直径是类似隧道工程中所使用的盾构机直径的**两倍以上**，比如海伦（Helene）和埃默拉尔德·摩尔（Emerald Mole）。

17.5 米

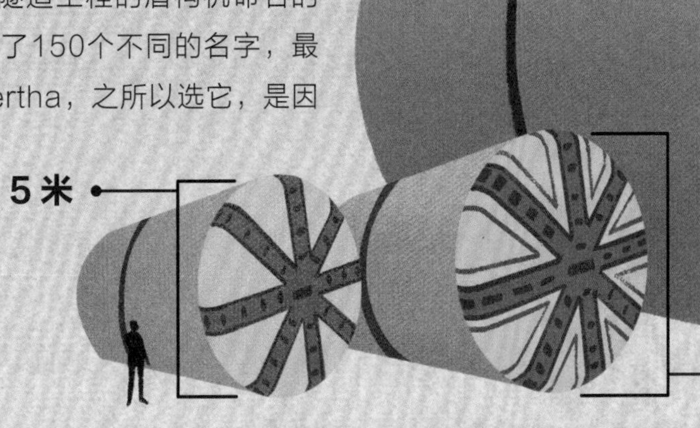

贝莎

伦敦地铁

英国，伦敦

伦敦地铁是世界上最早的地下铁路系统，在英文中别称“管子”。伦敦地铁的第一条线路——大都会线于1863年1月10日建成通车，第一天的乘客总数就达到了4万人次。在当时，地铁列车使用的还是蒸汽机车，会排出污浊的浓烟。所以，实际上有超过一半的运行线路是在地面，因为建在地下的隧道必须具备极好的通风条件。1890年，蒸汽列车被清洁的电动列车取代。

早期建设伦敦地铁的时候，采用的是明挖暗盖法。在后来的线路建设中，都使用了掘进机，这样就不需要在施工过程中封闭城市街道了。

有种**蚊子**由于在地铁里生活的时间**太久**了，以至于它们**进化**成一种在**其他任何地方都没有**的蚊子物种。

很多地铁线路都是**依地面街道的走向**而建的，这是因为如果要在建筑物下修建地铁，建造地铁的公司必须向建筑物的业主支付费用。

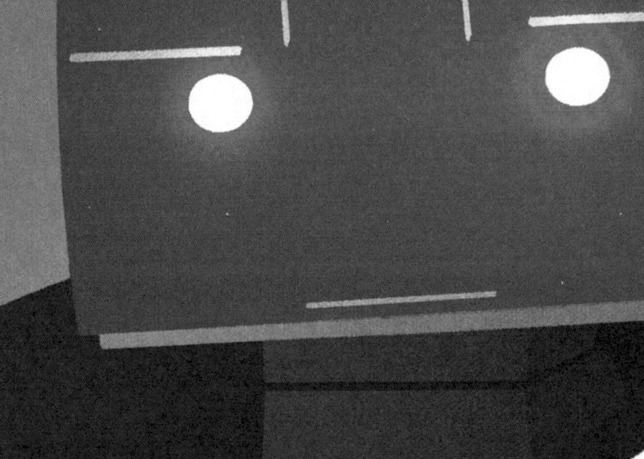

在第二次世界大战中，伦敦的地铁站被用作**防空洞**。奥德维奇（Aldwych）站还被用来充当伦敦各大博物馆、美术馆藏品的庇护所。在闪电战期间，这些隧道挽救了许多人的生命。

汉普斯特德（Hampstead）站是伦敦**最深的**地铁车站，它距地面58.5米，街面和站台之间约有320级楼梯台阶。

距离最远的两个车站之间有**6千米**，而距离最近的两个车站之间只有**300米**。

每列地铁列车每年行驶大约**184,300千米**，可以绕地球4圈半。

轨道交通网络

如今，伦敦已经建成总长402千米的地铁网络，共有12条线路，270多个车站，覆盖整个城市，每日载客量高达500万人次。

运河

运河是人工开凿的通航水道，以满足不同的使用需求。小型运河可以为其所在的城市提供交通运输，比如威尼斯、阿姆斯特丹和曼谷的运河；其他大型运河则为货物的长途运输提供了便利，比如美国的利哈伊运河就是为从宾夕法尼亚州运输煤炭而修建的。运河还可以成为连接两个大型水域之间的捷径，比如连接地中海和红海的苏伊士运河，以及连接太平洋和大西洋的巴拿马运河（见第30—31页）。兴修运河还可以为农业提供灌溉用水或者向偏远地区提供饮用水。

泰国，曼谷翁昂运河

克服水位落差

运河流经的地表往往不平坦。由于水只能从高向低流淌，为了找到确保航船能在上下游之间自由行驶的方法，工程师们通常是在运河航道中有集中水位落差的河段上建筑船闸。船闸主要由闸室、上下闸首、输水系统、引航道以及相应的设备组成。闸首设置了闸门，使闸室与上下游隔开。船舶下行时，先通过输水系统向闸室灌水，待闸室内水位升至与上游齐平时，开启上游闸门，让船舶进入闸室。随即关闭上游闸门，再通过输水系统将闸室内的水泄向下游，待闸室内水位降至与下游水位齐平时，开启下游闸门，船舶出闸。船舶上行时，操作程序反之。

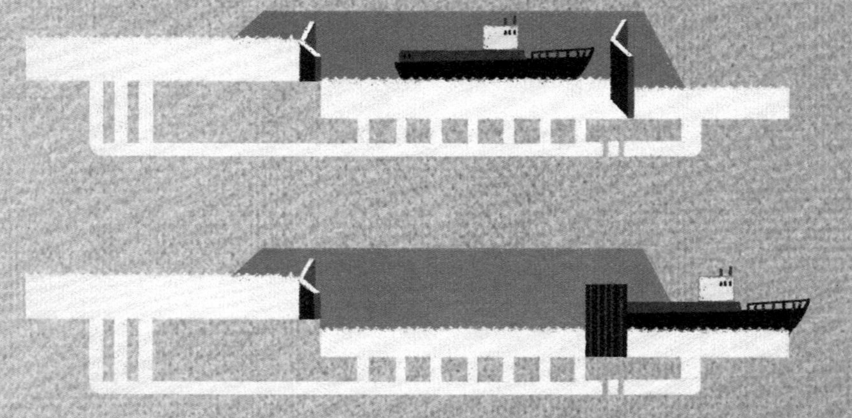

跨越障碍

修建运河时会遇到深谷或河流一类的障碍。为了跨越这些障碍，工程师们设计出了高架水渠——顶面有流水渠的桥体，这样船就可以继续沿着运河安全而畅快地行驶了。

建设基尔德雷赫特船闸所耗费的钢材是建造埃菲尔铁塔用钢量的**3倍多**。

世界纪录打破者

比利时，基尔德雷赫特船闸

曾经，世界上最大的船闸是比利时安特卫普港的贝伦德雷赫特船闸。2016年6月10日，安特卫普港的基尔德雷赫特船闸投入运营，该船闸长500米，宽68米，包含4个单座重2500吨的闸门、2座70米段的开启式钢桥以及信号桅杆等，成为世界上最大的船闸。

一连串的船闸

英国，肯尼特和埃文运河

在200多年前修建英国的肯尼特和埃文运河时，其中的一段选址在一个近4千米长的陡坡上，为此工程师们修建了一连串的29座船闸。如今，一艘船通常需要5个小时才能通过全部船闸。

英国的伯明翰是拥有运河最多的城市，全城的运河有 **56 千米**长。

肯尼特和埃文运河首次为**从布里斯托到伦敦**的人员和货物提供了安全、便捷的运输。在那个时代，大部分陆路交通都是靠骑马或乘坐马车，而且路程中往往很危险。

140 千米

面临的挑战

工程人员在修建运河时面临的主要问题之一，就是他们要应对复杂多样的地质和地形。他们会发现眼前的岩石地迅速过渡至沙地，或是平坦的地面突然变得陡峭起来。不同的地质和地形都会带来新的问题。

人们通常使用爆破手段来炸开坚硬的岩石，而软一些的沙质土壤反而更难处理，因为它不能蓄水，河道必须用防水性好的黏土或混凝土来修建。

有时候，也需要在山区开凿运河。通常情况下，人们会绕着山丘或山脉施工，虽然这样做会使河道更长。不过，也不排除有在山中挖掘隧道的情况，但隧道一般都很短。

世界上最长的运河

中国，京杭运河

中国的京杭运河北起北京，南至杭州，以总长度1747千米赢得了世界最长运河的称号。同时，它还是世界上最古老的运河，始凿于公元前5世纪（春秋末期吴王夫差下令开挖的邗沟）。

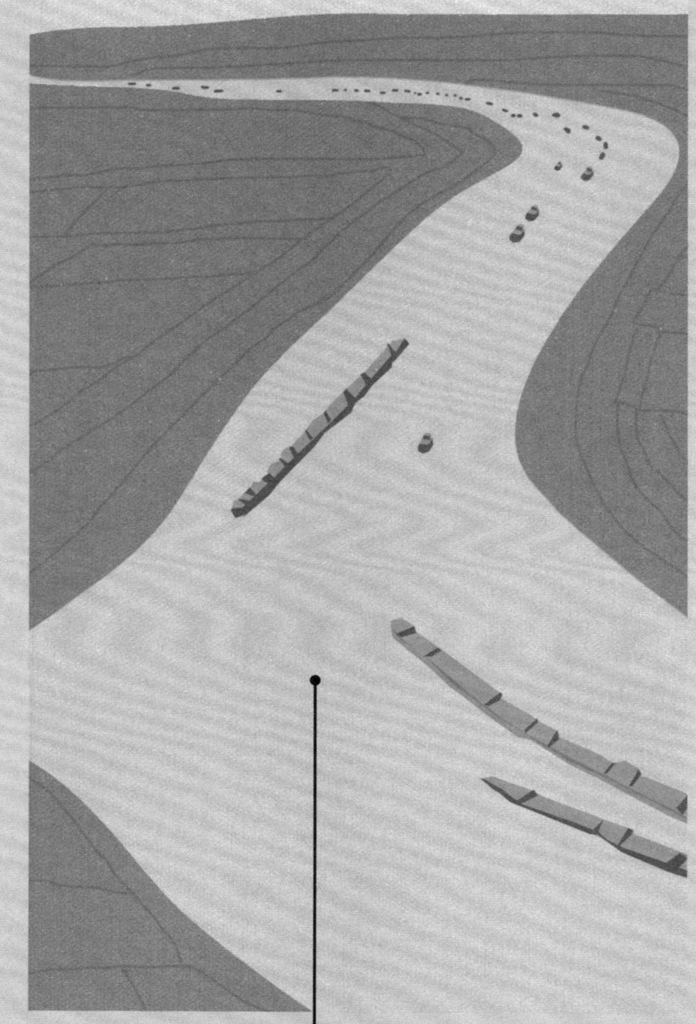

大运河从南到北流过五大自然区域，将**长江**、**黄河**、**淮河**、**海河**和**钱塘江**五大水系连接起来。

巴拿马运河

巴拿马共和国中部

在几百年的时间里，大西洋与太平洋间通航的唯一可能就是绕过南美洲的最南端，这是一条漫长而又危险的航线。巴拿马运河的开凿过程是一段不平凡的历史，它从1881年起开凿，1914年完工，1920年通航，使太平洋和大西洋沿岸航程缩短1万多千米。运河最初由法国一家运河公司开始修筑，但最终因为工程问题而放弃；1904年美国再次启动了工程，并于10年后完工。这条连通太平洋和大西洋的国际运河，即使在今天，仍被视为人类历史上最困难的工程项目之一。

因加通水坝拦蓄查格雷斯河及其支流而形成了人工湖——**加通湖**，该湖为运河提供了丰沛的水源。

航道

巴拿马运河是一项不可思议的工程。运河全长81.3千米，并且其中约有15千米穿行在地势起伏的山脉地区。它的成功修建连接了世界160个国家和1700个港口。

在运河两端各有3座船闸，其中最重要的就是**加通湖**上的船闸，负责船只进出湖区。

运河及其沿岸宽16.09千米、面积1432平方千米的地带，被划为**巴拿马运河区**。1999年12月31日，巴拿马收回运河区**全部主权和运河管理权**。

在运河建设初期，曾聘请**埃菲尔铁塔**的设计者**古斯塔夫·埃菲尔**来设计船闸，但因为首次开凿失败，无果而终。

2007—2016年，对运河进行扩建，以提高通行能力。如今，它能容纳**最长360米、最宽50米**的船只通过。

能源创新

全世界对能源的需求在不断增长，这是因为人口在不断增长，而且人们正在使用越来越多的消耗大量能源的产品，如手机、汽车和中央供暖系统等。如今，世界上使用的能源有一半以上来自煤炭和石油，它们燃烧产生的二氧化碳等气体排放物不仅污染环境，还导致全球变暖和气候变化。为了既满足能源需求，又减少二氧化碳等排放物的产生，工程师们必须找到新的方法来创造、转化和储存清洁的可再生能源。

可再生能源有不同的来源，包括**风能**、**水能**、**光能**、**生物质能**和**地热能**等。

甘肃酒泉风电基地

中国，甘肃酒泉

世界上最大的风电场是中国甘肃酒泉风电基地。它自2009年开始建设，现已拥有的风力发电机超过7000个。这是中国首个千万千瓦级风电基地。

风力发电机的体量有可能非常巨大，最高的与**埃菲尔铁塔**的高度几乎相同。

始华湖潮汐发电站

韩国，京畿道安山市

潮汐发电站将海洋潮汐产生的能量转换为电能。韩国的始华湖潮汐发电站是世界上规模最大的潮汐发电站，装备有10个发电机组和8个排水闸门，年发电量达5.527亿千瓦时，可满足50万人口的城市的用电需求。

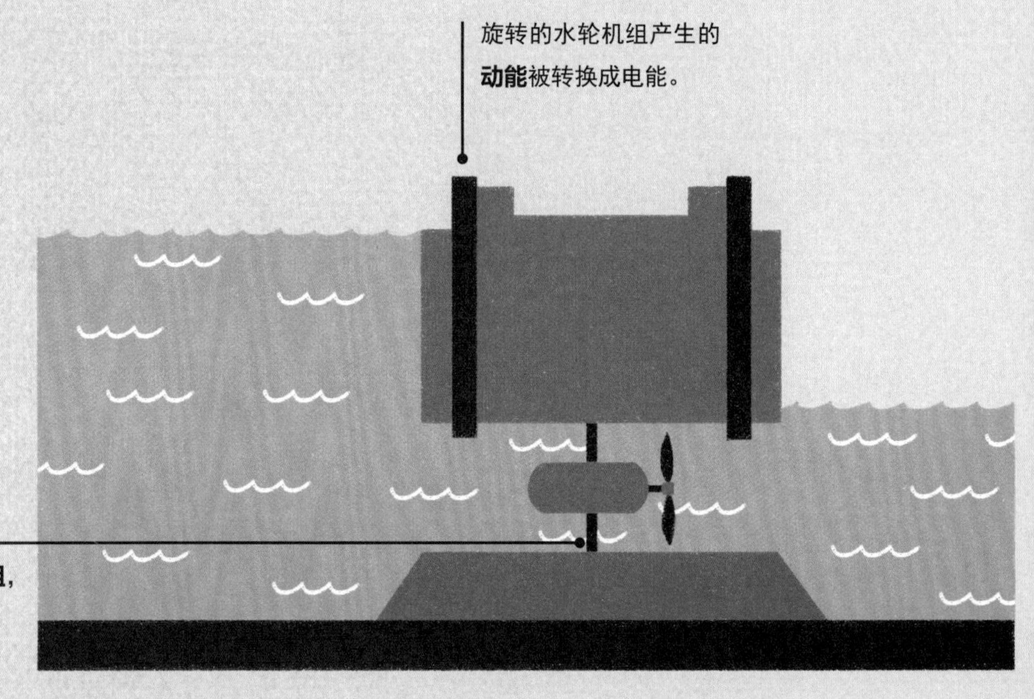

旋转的水轮机组产生的**动能**被转换成电能。

水被推入巨大的**水轮机组**，使其旋转。

可再生能源

可再生能源有几种不同的来源。水力发电厂利用的是水的能量。工程师们在河流上建造水坝，流经水坝的水推动水坝内巨大的水轮机的叶片旋转，从而产生动能，动能进而又转化为电能。潮汐水坝的工作方式与此类似，是利用海洋潮汐的能量来推动水轮机的叶轮旋转。

太阳能是指来自太阳辐射的能量。太阳能的直接利用有光—热转换和光—电转换两种基本形式，前者将太阳能转换为热能，后者则用太阳能电池组成大型的太阳能板，将光能直接转换成电能。许多新建住宅在建造时就安装了太阳能板，工程师们还用成千上万的电池板建造了太阳能公园。

风力发电的工作原理是利用风能驱动风轮转动，从而驱动发电机产生电能。最常见的是风力发电机，一批风力发电机组组成风电场。一般在沿海地区和一些山区风力资源较丰富。海上风电场的风电机组距离海岸线数千米远，那里风速更高，风能资源更丰富。世界最大的海上风电场是沃尔尼风电场，位于距英格兰坎布里亚郡沃尔尼岛海岸19千米处。

三峡大坝

中国，湖北宜昌

三峡大坝是当今世界上最大的水利发电工程——三峡水电站的主体工程，于1994年正式动工修建，2006年大坝全线修建成功，2016年升船机开始试通航。三峡大坝为混凝土重力坝，坝轴线全长2309.47米，坝顶高程185米，最大坝高181米。

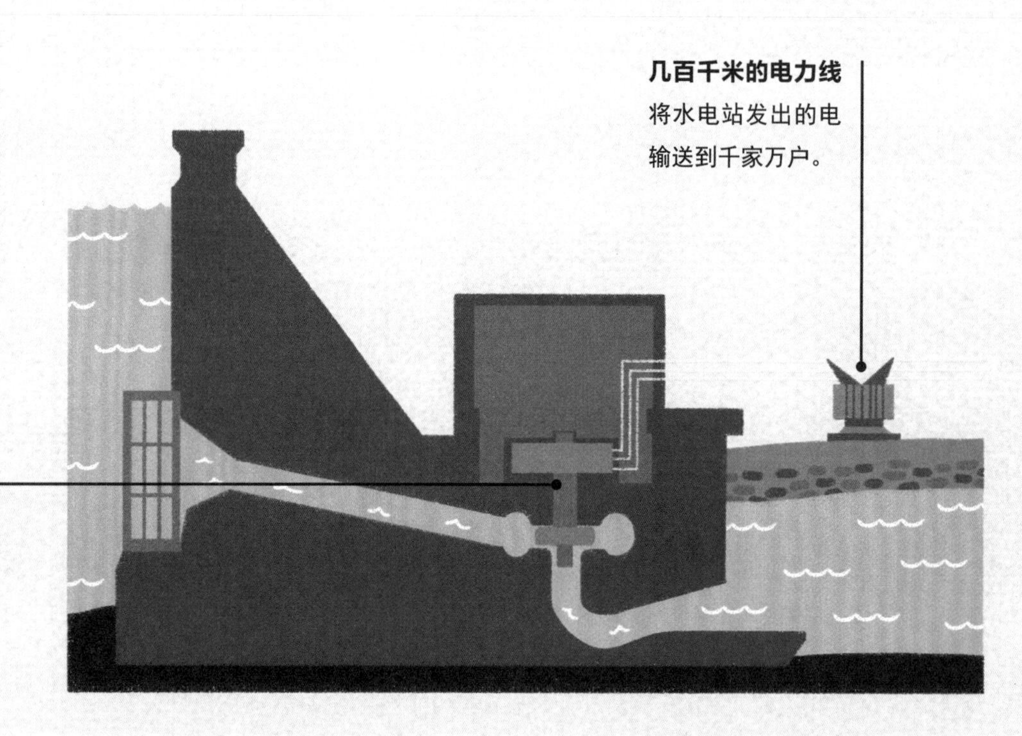

几百千米的电力线将水电站发出的电输送到千家万户。

水轮机组旋转产生的动能被转换为电能。

卡穆蒂太阳能发电计划

印度，卡穆蒂

卡穆蒂太阳能发电计划为印度宏伟太阳能计划的一部分。2016年底，这座全球最大的太阳能发电厂正式落成。它占地面积约10平方千米，包含250万块光伏太阳能电池板，装机容量将近650兆瓦，可以为75万人提供足够的电力。

光伏太阳能电池板从太阳光中收集一种被称为“**光子**”的粒子。

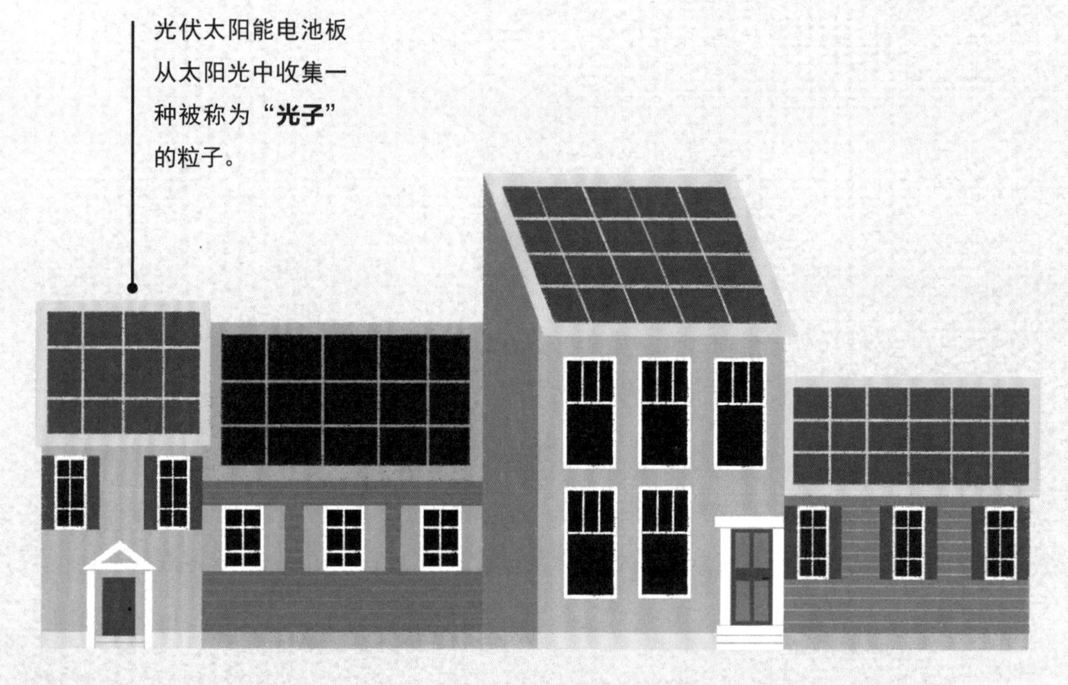

胡佛水坝

美国，科罗拉多河下游

20世纪30年代，世界经历了经济大萧条。在这场经济危机中，全世界有大量人口失去了家园和工作。在美国，罗斯福总统推行新政以提供失业救济与复苏经济，不断下令兴建大型工程和建筑项目，为尽可能多的人创造工作机会。科罗拉多河下游的胡佛水坝就是其中之一。水坝工程于1931年开始动工修建，于1936年完工，其间有超过2万人参与了各项工作。除了提供电力外，水坝还用于防洪、控制泥沙、灌溉并提供民间和工业用水。

博尔德市

整个小城就是为了给筑坝的工程管理人员和工人提供住所才建设起来的。坐落在峡谷一侧的博尔德市至今仍然存在，约有人口1.5万人。

大坝形成的水库叫**米德湖**，面积603平方千米，是世界最大的人工湖之一。

胡佛水坝建成后，在当时曾是世界上最大的水坝，也是有史以来**最大的混凝土结构**。如今，世界最大的水坝非中国的三峡大坝莫属（见第33页）。

水坝曾名“博尔德水坝”，1947年以**美国前总统胡佛**之姓改为现在这个名字。

水坝全厚200米，修建时使用了**约250万立方米**的混凝土，足够修建4800千米的道路。

为了**冷却***巨大的混凝土块体，工程师设计出了超大的“**冰箱**”，否则仅冷却过程就需要花费数年的时间。

*之所以要进行冷却，是因为混凝土会经历一个从具有可塑性到和水逐步反应完全硬化的过程，称为“水泥水化”，水化会产生水化热，但是混凝土块体内部和外部的散热速度不一样，导致内部温度高于外部温度，而过高的温差会造成混凝土开裂。——译者注

铁路

最早的轨道交通大约在16世纪就有了雏形，由马匹拉动，牵引货车沿着木质轨道行驶。到了18世纪末，载重量更大的金属轨道开始广泛使用。大约在同一时间，蒸汽发动机被发明出来。新的交通工具产生了，铁路首次让许多人可以舒适地进行长途旅行。

葡萄牙，里斯本，有轨电车

斯蒂芬孙的火箭号蒸汽机车

1814年，在前人创造的蒸汽机车模型基础上，英国工程师乔治·斯蒂芬孙首创新型的在铁轨上行驶的蒸汽机车。15年后，即1829年，工程师父子乔治·斯蒂芬孙和罗伯特·斯蒂芬孙几经改进，制成了较完善的机车——火箭号。

斯蒂芬孙的火箭号对全世界蒸汽机车的设计都产生了深远影响。19世纪20年代，英国和美国开始在主要城市间修建铁路。欧洲大范围铺设铁路开始于19世纪30年代，而亚洲则要到19世纪70年代。

蒸汽机车一般均以煤炭为燃料，燃烧时会向大气中排放**浓重的黑烟**。

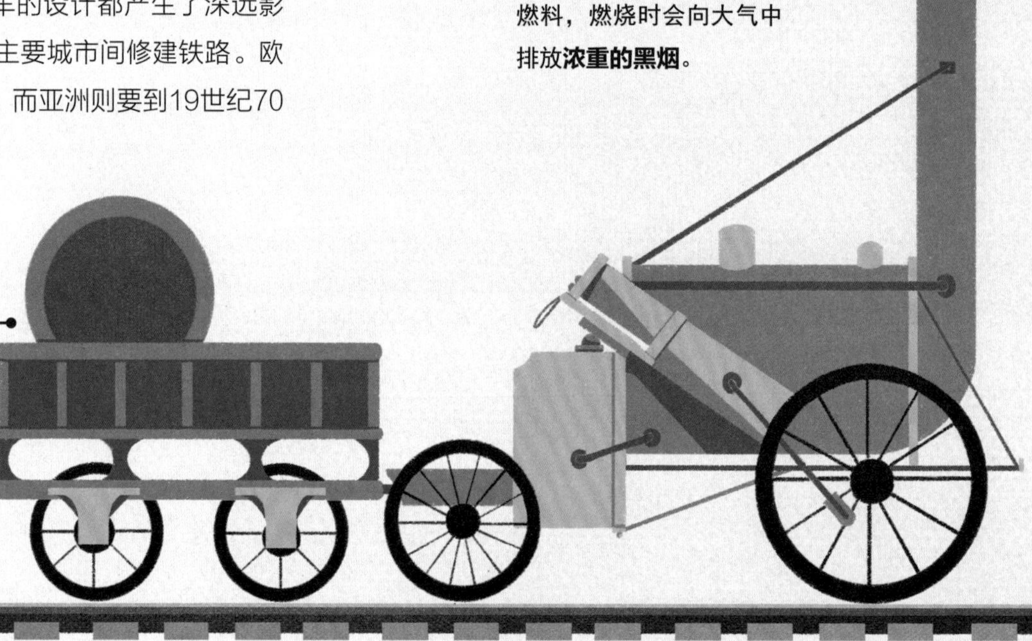

今天，在英国约克的**国家铁路博物馆**里可以看到火箭号蒸汽机车。

日本曾经修建了一条**20千米长**的没有目的地的轨道，用于对新型新干线动车组进行**测试**。

铁路建设

修建铁路对工程师的技术永远都是考验。铁路需要长距离铺设，跨过河流、穿过山脉、越过沼泽。铁路交通的普及使得人类在隧道建设（见第24—25页）和桥梁建设（见第12—13页）的技术方面不断取得重大突破。

1879年，德国电工学家恩斯特·维尔纳·冯·西门子在柏林的贸易展览会上展示了世界上最早的电气铁道，他还发明了第一辆电力机车。由电力驱动的火车和有轨电车很快就在纽约、伦敦和里斯本（左图）等许多城市成为常见的景象。

20世纪二三十年代，柴电动力引擎首先在苏联、德国和美国问世，并在第二次世界大战后开始普及。如今，以电力为动力的机车非常普遍。

中国拥有世界上海拔最高的铁路，这条2006年通车的青藏铁路全长约2000千米，将中国北方城市和西藏地区连接起来。它拥有多项世界纪录，比如铁路系统中的世界最高海拔点位、海拔最高的火车站和海拔最高的铁路隧道。列车的车厢也是为应对高海拔地区而特别建造的。

第一条横贯大陆的铁路

美国，内布拉斯加至加利福尼亚

在修筑这条铁路之前，美国有大片地区是很难穿越的，旅行时只能依靠马车在各种复杂而危险的地形地貌间穿行，而且要花费数周的时间。1863—1869年，修建了第一条横贯美国大陆的铁路，全长3000多千米。这条铁路连接起美国东部的既有铁路，人们乘坐火车从西海岸到达内布拉斯加州的奥马哈，再从那里转乘火车到达东海岸。

新干线

日本

新干线是日本的高速铁路运输系统，行驶的动车组也被称为“子弹头列车”。新干线将日本大多数重要都市连接起来。新干线的第一条线路于1964年10月1日通车运营，自运营以来运输人次数超过100亿。新干线的列车运行速度最高可达320千米每小时。中国也有高速铁路，运营里程居世界第一，列车最高运营速度达350千米每小时。

日本的新干线从未发生过**恶性伤亡事故**，这使其成为最安全的出行方式之一。

西伯利亚大铁路

俄罗斯，莫斯科至符拉迪沃斯托克（海参崴）

西伯利亚大铁路西起莫斯科，东到符拉迪沃斯托克（海参崴），一个多世纪以来一直保持着世界最长铁路的纪录。修建这条铁路的初衷是为了横贯俄罗斯东西——在此之前，人们穿越基本无人居住的冰封的西伯利亚地区时，不仅速度慢，而且充满危险，到了冬天更是雪上加霜。西伯利亚大铁路的车里雅宾斯克以西的路段，在19世纪中期建成；以东长7416千米的路段，1891年开始修建，1916年全线通车。工人们从线路的两端开始修建，最后在中间会合。

如今，这条铁路仍然是俄罗斯重要的铁路干线，全长9332千米，比中国现存的长城还要长。

这条铁路对俄罗斯的**经济**有举足轻重的影响，每年运送约 **25 万个集装箱**的货物。

在极其**恶劣的条件**下，贫苦农民以及服苦役者参与了施工。据估计，约有**6万人**参与了西伯利亚大铁路的建设。

东西横贯俄罗斯
西伯利亚大铁路的规模相当惊人，它穿越俄罗斯的欧洲和亚洲部分，跨越8个时区，穿过87个城市和城镇，跨越16条欧亚河流。
在当时的条件下，大部分的修建都是靠人工完成的，施工者仅有**镐**、**锹**之类的基础工具。
铁路全线共使用了约**1200万根枕木**和**100万吨铁轨**。
整个工程耗时如此之长，是因为施工过程中经常面临**劳动力短缺**的困扰。

防御工事

自从人类有了战争，防御体系就存在了。在欧洲、亚洲和中东地区，一些最早的人类聚居地周围都有防御性的城墙，以保护住在里面的人免受攻击。已知最古老的防御墙是7000年前在古希腊的塞斯克罗村周围修砌的。随着聚落发展成为城市和国家，防御结构也随之变得更大、更复杂。

城堡里的**螺旋形楼梯**总是按**顺时针方向**修建的，这样士兵们在跑下楼的过程中，可以很**方便地拔出剑**来。

阿维拉古城的防御工事

西班牙，阿维拉

在阿维拉古城周围，高大的城墙完整如初，是西班牙人为抵抗摩尔人入侵而修建的，它也成为城市防御工事最著名的例子。阿维拉古城的防御工事始建于11世纪，历时约300年才完成。城墙高12米，厚3米，包括9座城门，周长超过2千米，上面约有2500个城垛。

作为防御工事，城墙上筑有**82个半圆形塔楼**，以便士兵瞭望四周。

第一次世界大战的战壕

欧洲各地

第一次世界大战期间（1914—1918年）的欧洲，经常能看到交战双方的士兵在战壕中互相对峙的场面。这些战壕必须足够深（通常是3米左右），士兵才能在里面安全地走动。而当1916年坦克出现在战场上后，战壕变得愈发难以防守，最终军队不得不放弃战壕，转而寻求其他的防御方式。

壕沟被挖成**之字形**，这样比挖成直线形的更容易防守。

士兵们在战壕之间开凿**隧道**，以躲避敌人的火力。

防御工程

城堡和堡垒曾经是抵御攻击的安全避难所，它们通常建在山顶，这样守卫者就可以看到方圆数千米内的风吹草动。几千年来，人们一直是用在聚居地周围修建防御墙的方法，来阻止敌人进入。

随着武器的不断改进，防御系统也随之不断发展。人们会在高高的城墙上开出小小的孔洞，用于射箭；也会在厚重的屋顶开出所谓的“杀人洞”，通过这些洞向外投掷石头或倾倒滚烫的液体。在14世纪，大炮的发明迫使城堡和城墙的墙体必须加厚，这样在炮火中才能起到有效的防护作用。然而随着炸药开始使用，甚至后来用飞机投掷炸弹时，城堡和堡垒就失去了防御作用。

在历史上的许多战役中，战壕可以保护士兵和阻碍对方军队的进攻。但是到了第一次世界大战的时候，战壕已经难以抵御炸药的威力了，许多士兵因为这种过时的掩体而失去生命。

马其诺防线

法国与德国、卢森堡和比利时相邻的边境上

第二次世界大战爆发前，欧洲的局势日益紧张，战争一触即发，不少国家悄悄地做起了准备。法国为防止德国入侵，在与德国、卢森堡和比利时的边境上构筑了永备筑垒配系。防御工事由钢筋混凝土建造而成，十分坚固，防线内部拥有各式大炮、壕沟、堡垒、隧道及各种配套设施，全长390千米，这就是马其诺防线。马其诺防线有独立的电话和无线电通信系统。1940年，德军经阿登山区迂回至该防线侧后方攻入法国境内，从背部袭击法国，马其诺防线没有起到任何作用。

骑士堡

叙利亚，霍姆斯省泰勒凯莱赫区

1096—1291年，历史上发生了著名的十字军东征事件。十字军前后8次东征，历时近200年。位于今日叙利亚境内的骑士堡，由医院骑士团于1142—1271年把它建成了一座坚固的城堡。这座城堡有双层3米厚的城墙，有开阔地与壕沟构成的防御体系，沟上只有一座桥梁。外墙上筑有雉堞，每面墙上均建有塔楼，构成外部防线。1271年，城堡被马穆鲁克攻陷。13世纪末期，马穆鲁克又对骑士堡进行了修建。骑士堡是迄今保存最完好的十字军东征时的堡垒之一，成为中世纪堡垒，尤其是军事堡垒的典型。

城堡里可驻守约**2000名士兵**、**1000匹马**，并储备够用**5年**的物资。

中国万里长城

中国，从丹东到罗布泊

中国的长城是历史上最伟大的防御工事。最早的长城在公元前7世纪就已建成，之后的千百年间又不断地修筑、延长或是将已有的部分连贯起来。现今留存的长城并不完整，因为大部分长城已经在历史长河中逐渐消失，尤其是建成时间最早的部分，究其原因不外乎自然环境的侵蚀以及人类活动对其造成的破坏。

中国境内已认定的历代长城的总长度是21,196.18千米。如今人们最常参观的长城大多是明代修建的，明长城总长为8851.8千米。由于长城跨越的地域实在广大，因此不同地段的墙体所使用的材料也不尽相同，这取决于当时当地的建造条件，比如有夯土筑、砖砌、石砌、砖石土混筑、土沙植物混筑等。

总长度**21,196.18千米**的长城是当之无愧的人类所修筑的最长构筑物。

长城**依地势而建**，有的墙体建在地势平缓的地方，有的建在山脊上，如果遇到悬崖峭壁，工匠便使它们和长城融为一体，成为“天然墙体”。

修建长城之前，要先考察地形，在地势较高的地方建造**敌台**，随后建造**墙体**将敌台连接起来。

据说航天员在**太空中**可以用肉眼看到万里长城，但事实**并非如此**。
独立于边墙而建造的**烽火台**用于传递军情。发现敌军踪迹时，便会点燃烽火。“燧”在白天使用，以浓烟为信号；“烽”在夜晚使用，以火光为信号。
明代共修建了上千座**空心敌台**，如今它们已经成为长城的**标志性景观**。
长城沿线隔一段距离就会建有一座突出于墙体的高台，叫作**敌台**。它为防御者提供了较大的作战空间。敌台分为**空心**和**实心**两种。
长城是由**戍防的军队**、征调或雇佣的**民夫**协力修建的。

人工岛屿

你知道吗，人类填海造地的历史已经有5000多年了。建造人工岛有很多不同的原因，有些古代的人工岛是出于防御目的或因某些宗教原因而建造的。而现代人工岛的建设除了有防御的考量外，更是人类利用海洋空间的一种方式，能够给不断发展的城市创造更多的空间。同时，建设人工岛还可以吸引游客，创造就业机会。然而，有些现代人工岛屿的建设不仅造价高昂，而且对环境造成巨大破坏，这些项目因此遭到众多的批评。

苏格兰，克兰诺格

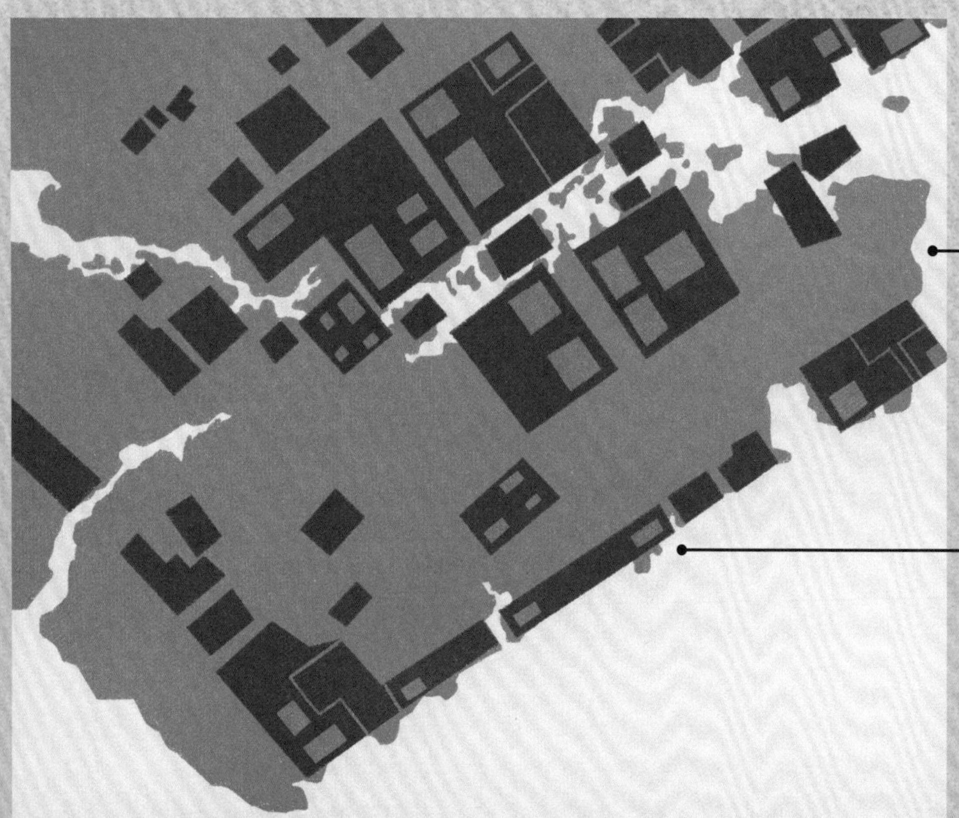

南马都尔由一系列小型人工岛与交错的运河网组成，因此常被称为**“太平洋上的威尼斯”**。

南马都尔杰出的巨型**巨石建筑**通过使用巨大柱状玄武岩建造的墙来展示，这些**玄武岩**是从岛上其他地方的采石场运来的。

南马都尔

密克罗尼西亚联邦，波纳佩

南马都尔位于波纳佩岛的海岸沿线，由100多座人工建造的小岛构成，建岛材料是玄武岩和珊瑚块。岛上有许多宫殿、寺庙、陵墓和石筑居所遗迹，建成时间约在1200—1500年。关于这些人工岛的建造方式，人们知之甚少，没有人知道这些巨石是如何搬运来的，也没有人知道它们是如何被放置在海中的。

建造新的岛屿

有些人工岛是偶然形成的：修建水坝和水库导致水位上升，淹没了大片土地，那些高于水面的土地就会变成一个岛屿。

英国考古学家发现，早在5600年前的新石器时代，人们就掌握了填海造地的技术，那些在苏格兰发现的早期人造岛被称作“克兰诺格”（左图）。几千年来，建造人工岛的技术并没有太大变化：把礁石和沙子填入湖底或海底，使其堆积起来，最终高出水面，形成岛屿。在平静的水域用这种方法建造小岛，效果很好。然而，许多大型岛屿的建设工程却各有各的难题，比如，海底或湖底的承载力可能不足以支撑一个新的岛屿，所以，在开始建造之前需要找平水下地面并灌入混凝土。

兴建海岛时必须做好防护措施，以抵御极端天气、潮汐和巨浪可能对岛屿产生的破坏，比如，要加筑混凝土海堤来防止破坏的发生，还要经常对岛屿进行维护和修缮，以防止岛屿受到侵蚀。

中部国际机场

日本，爱知县伊势湾的人工岛

很多临海的大城市都把机场建在人工岛上，这样一来机场既离市中心不太远，飞机在起降时又不需要避开建筑物。日本的中部国际机场就建在伊势湾的人工岛上，共有2座航站楼，跑道长度3500米。

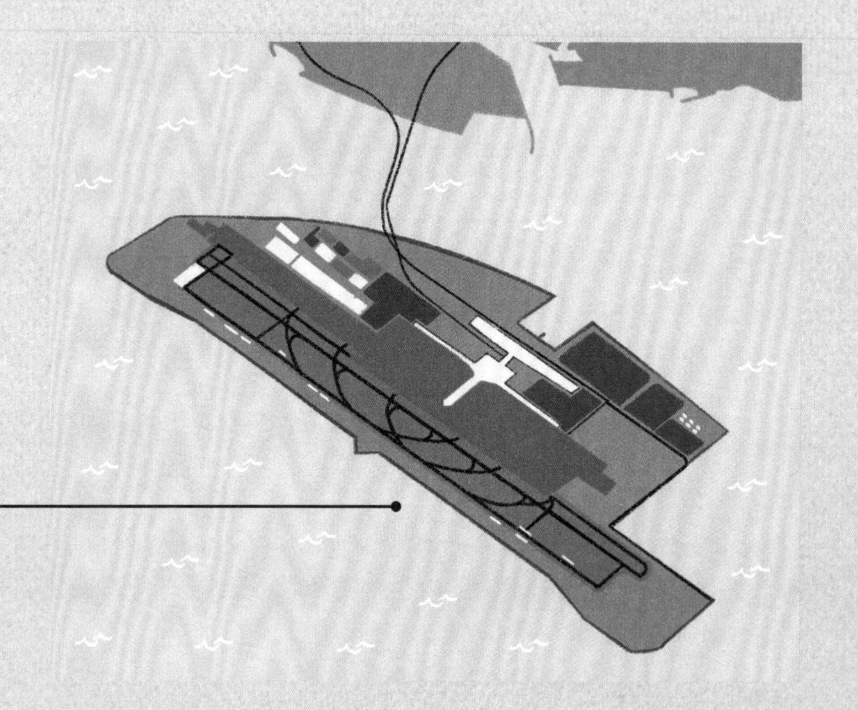

中部国际机场是日本**5个岛上机场**之一，其中**4个**都建在人工岛上。

北星岛

北冰洋

北星岛位于阿拉斯加以北约10千米的北冰洋边缘海域，是为了钻探海床下的石油而建造的。北星岛建于2000年，由大量的碎石堆积而成，最上面覆盖着约7米厚的混凝土板。

石油被从海床下抽取出来，再用**海底输油管道**输送到岸上。

朱美拉棕榈岛

阿拉伯联合酋长国，迪拜

在迪拜的海岸处，建有世界上最大的人工岛——朱美拉棕榈岛。从空中看去，它就像一棵棕榈树。迪拜的大型棕榈岛开发项目原本有三个，但只有朱美拉棕榈岛建成完工，其他两个人工岛项目均因建设成本过高而被搁置。

朱美拉棕榈岛于2001年开始建设，第一阶段于2006年完工。岛的底部是由来自附近哈吉尔山脉的岩石堆积而成，而岛上的沙子则是从海床上挖出来的。为了保护岛屿不受海浪的冲击，在其外围修建了环形的防波堤。

人们从海床挖出了约**1.2亿立方米沙子**，用来建造朱美拉棕榈岛。

防波堤两侧各有一个**100米长的开口**，让水能够正常流通。

建设朱美拉棕榈岛没有使用**混凝土**和**钢材**，而是完全使用**天然岩石**和**沙子**。

引发的环境问题

绿色和平组织和其他组织批评该岛对环境造成了危害。它的建造破坏了珊瑚礁和牡蛎床，岛屿本身也阻挡了阳光对海洋植物的照射，影响了当地的生态系统，还影响了该地区的潮汐模式。

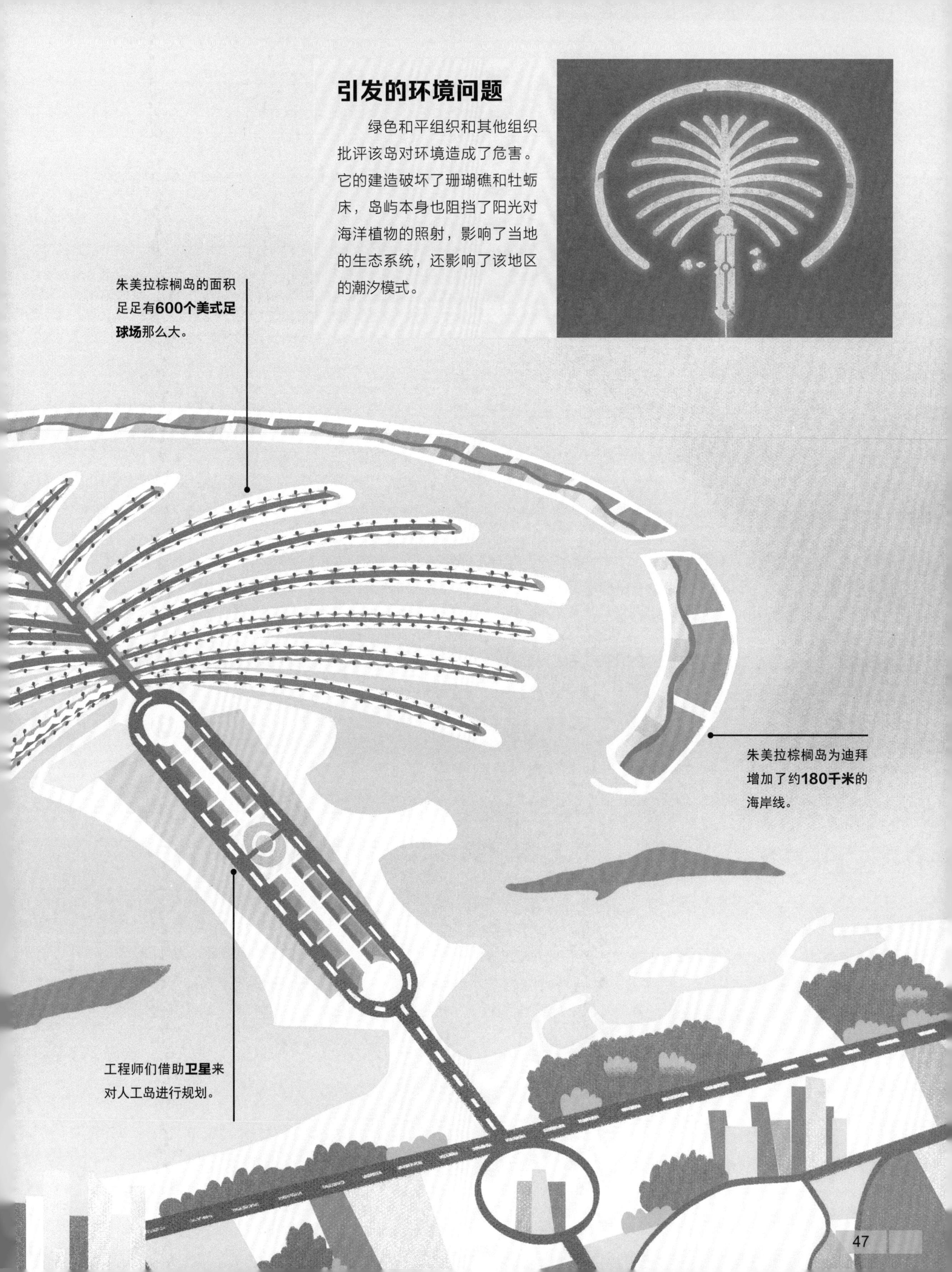

雕像

雕像在世界上几乎每个国家都能找到，它与人类文明的出现相伴相随，至今已经有几万年的历史。全世界已知最古老的雕像是从德国霍伦斯坦-斯塔德尔洞穴发现的“狮子人”，它是约4万—3.5万年前的史前人类用猛犸象象牙雕刻的。

人类制作雕像出于各种各样的原因，但通常是为了庆祝或纪念一些重要的事情，例如与宗教相关的建筑物，著名的统治者或英雄的雕像，以及为战争中阵亡者树立的纪念碑等。

德国，霍伦斯坦—斯塔德尔，史前狮子人

摩艾石像

智利，复活节岛

太平洋东南部的复活节岛因岛上古老的巨石雕像而闻名于世，它也被称为“拉帕努伊岛”（意即“石像的故乡”）。尤其是被称作“摩艾”（Moai）的约900尊雕像，它们是在10—16世纪时用火山岩雕刻而成的，其高度从2米到20米不等。多数学者认为摩艾雕像可能代表已故的部族首领或宗教领袖。这些雕像的头和身体先被雕凿好，再被运到最终地点。关于雕像是被如何搬运的，人们做了很多相关研究。有人认为它们是被搬到大木橇上，靠人拉、用撬棍撬前进的；也有人利用实验的方法，推断它们是被绳索固定后，在一队人的协助下，自己“走”过去的。

这些半身人面像以**“复活节岛石像”**而被人熟知，许多石像被发现时脖子以下都埋在土里。

由于没有金属工具，所以当时的雕刻者们用**硬质的石头工具**雕凿相对质软的火山岩。

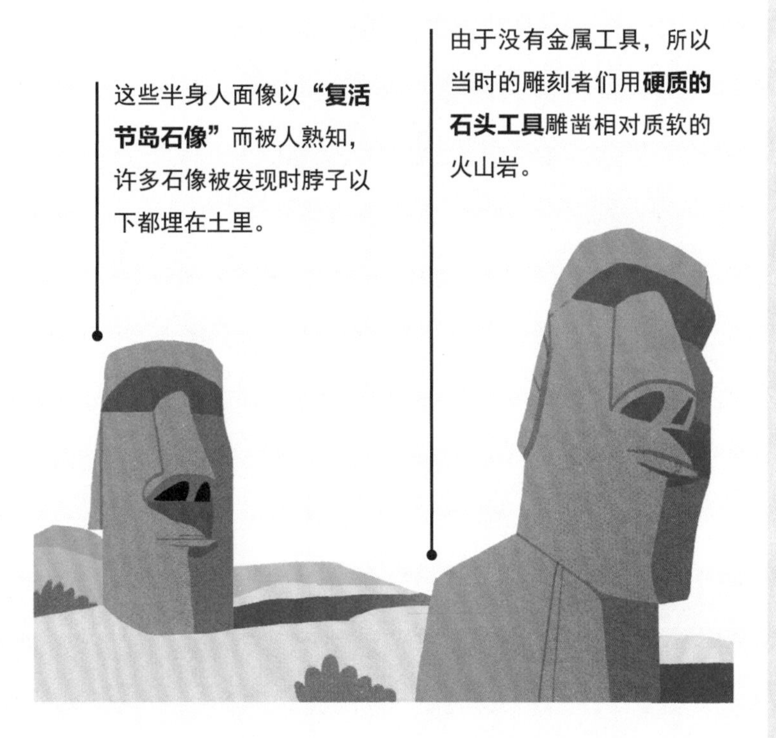

乐山三江汇流之处水势凶猛，古代僧人相信开凿这尊巨佛将有助于**平息水患**。

乐山大佛

中国，四川乐山

乐山大佛位于四川省乐山市，由岷江东岸凌云山栖鸾峰临江的峭壁上一整块石材雕凿而成。它开凿于唐开元元年（713年），完成于贞元十九年（803年），历时90年。乐山大佛通高71米，是世界上最大的石刻佛像。

马形雕塑凯尔派

英国，苏格兰福尔柯克

凯尔派是一种苏格兰民间传说中生活在水中的精灵，可以化身为或人或马的形象出现。这组巨大的马形雕塑凯尔派完成于2013年，坐落在苏格兰的福尔柯克地区，位于福斯-克莱德运河最新河段的入口位置。雕塑以两具神情各异的马首作为主体：一具仰头嘶鸣，一具俯首低眉，它们的外表面由手工切割的钢板焊接而成，钢板接口处留有许多缝隙，夜晚时内部的灯光会投射出来，呈现流光溢彩的效果。

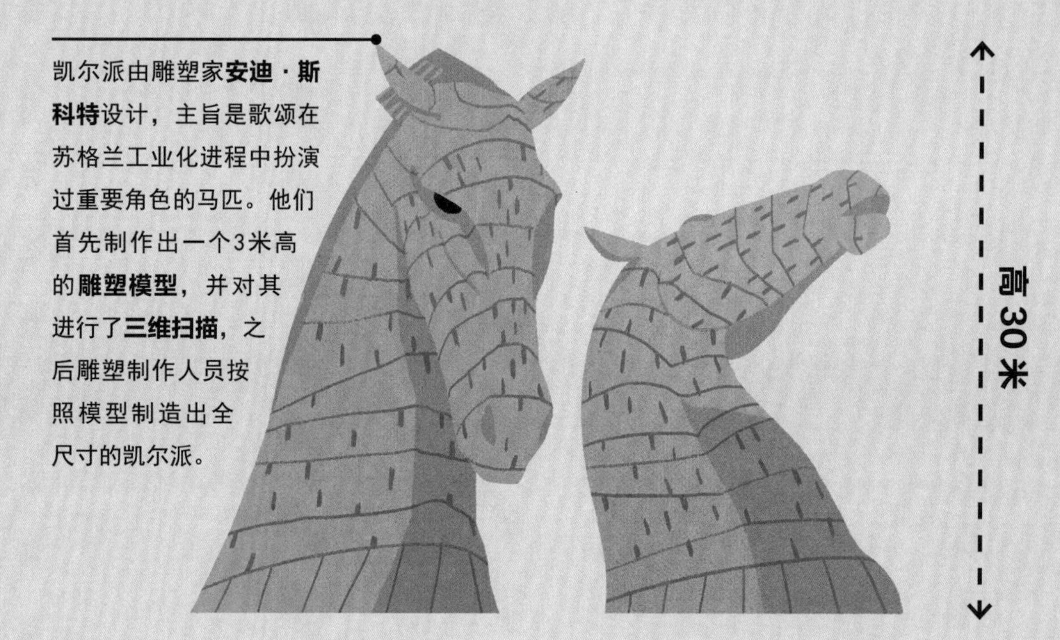

团结雕像

印度，古吉拉特邦

印度的团结雕像是迄今为止世界上最高的雕像，它是为了纪念在印度独立运动中发挥重要作用的人物萨达尔·帕特尔而建造的。团结雕像奠基仪式于2013年10月31日举行，用了5年时间建造，2018年10月31日开放展览。雕像高182米，表面是由大型青铜板制成的。印度没有能够制造这些青铜板的工厂，所以它们都是在中国制造，然后再运到印度的。

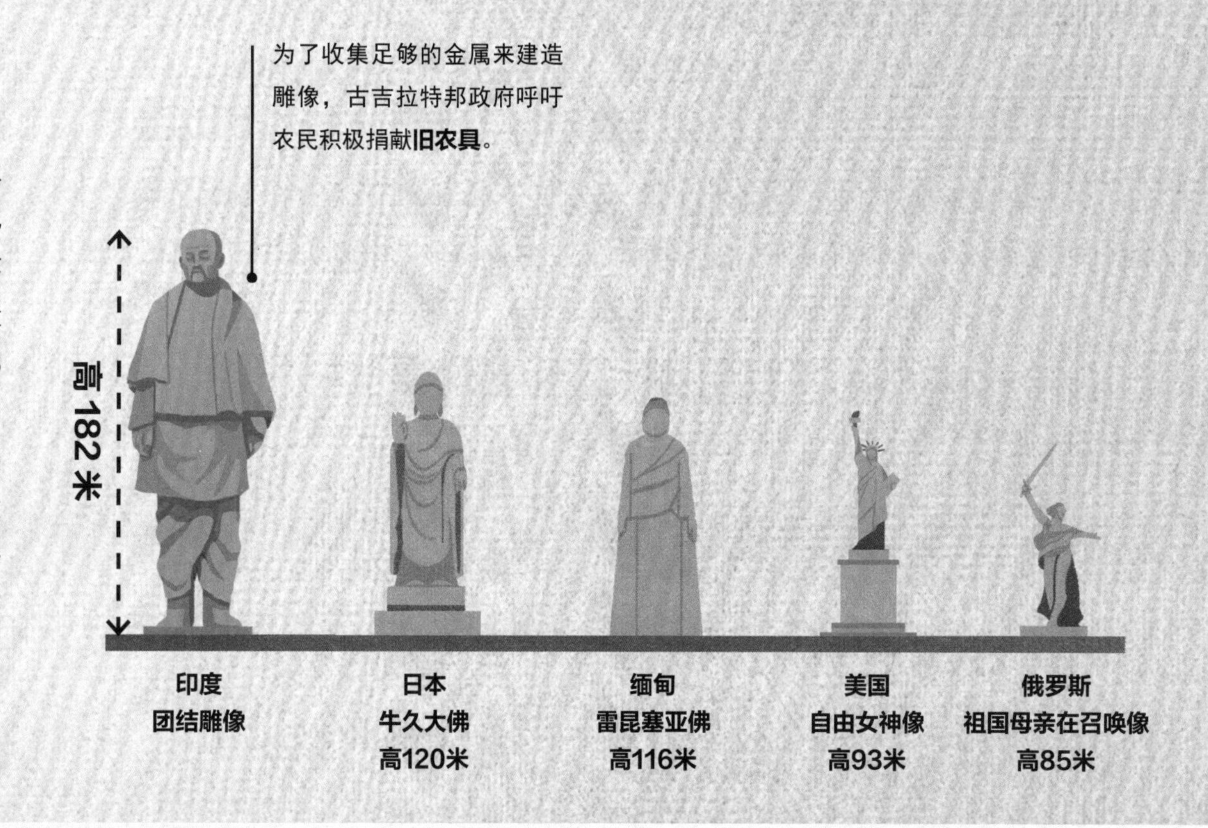

雕像的建造

无论是出于何种原因，建造雕像的目的都是为了让尽可能多的人看到，所以，雕像的体量通常都很大，而且大多都矗立在公共场所。

较小的雕像往往由整块材料制成，比如一整块石头或一整块金属。大型雕像的情况则较为复杂，可能是没有足够大的石材，也可能是金属熔化后制成的雕像铸件过于庞大，因此，大型雕像反而常常是由较小的部分拼合而成的，就像人们拼拼图那样。

建造雕像对工程技术有一定的要求：制作雕像的人需要了解他们所使用的材料以实现设计的初衷；大型雕像所有构件的制作和组装也需要仔细地计算和规划。

许多雕像是用当地没有的材料制作的，这就意味着要么在材料的原产地制作好雕像，然后再把它们运到将矗立的地方，要么在制作雕像前先把所需的材料运来。

自由女神像

美国，纽约

在纽约港小小的自由岛上，矗立着世界上最著名的雕像之一——自由女神像。它由法国雕塑家弗雷德里克·奥古斯特·巴托尔蒂设计，为纪念美国独立100周年，法国人民将它作为礼物送给了美国人民。1874年，自由女神像工程开工，历时10年，1884年雕像完成。1885年，雕像被运往美国纽约进行组装。整个过程颇为漫长，直到1886年10月，雕像的揭幕仪式才正式举行。

游客可以通过雕像内部的 **171 级螺旋形楼梯**到达女神头上戴着的花冠处。

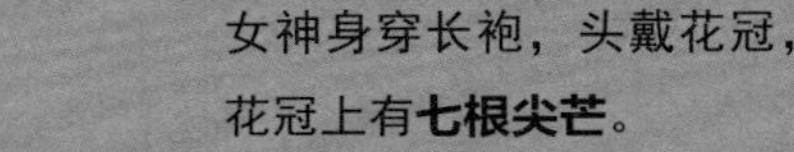

自由女神像在大风中的安全摆幅达**8厘米左右**。

女神身穿长袍，头戴花冠，花冠上有**七根尖芒**。

自由女神右手高擎火炬，左手执一本**《独立宣言》**，上面刻着其签署日期：1776年7月4日。

绿色女郎

虽然这尊雕像以其独特的绿色而闻名，但那并不是它的真实颜色。最初它是金属铜的颜色，但在室外的环境条件下，铜发生氧化并在表面产生了绿色的锈迹。由于锈迹有助于保护雕像免受侵蚀，所以并没有被清理掉。

铜像内部的钢架由法国工程师**古斯塔夫·埃菲尔设计**，他以设计建造巴黎埃菲尔铁塔闻名于世界。
雕像本身**高46米**，连同基座在内的总高度为**93米**。

未解之谜

尽管考古学家和工程师们已经对世界上众多的古代工程奇迹进行了细致的研究，并且对它们了解了不少，但是对今天的人们来说，仍有一些不可思议的古代建筑留有许多未解之谜。由于许多早期文明没有任何形式的文字系统，所以，关于为什么要建造这些工程，他们并没有留下太多的线索。在没有现代工具、材料和设备的情况下，古人是如何建造这些巨大而精巧的建筑的，至今仍旧没有答案。

普玛彭古遗迹

玻利维亚，蒂瓦纳库

普玛彭古遗迹位于玻利维亚的蒂瓦纳库古城，据考古学家推测，这个古城建于2万年前，目前大部分已经倒塌，但是仍留存一些巨石块。很多巨石都被切割得方正整齐，并且有很多大孔、小孔的装饰构造以及笔直的沟槽。令考古学家十分困惑的是，古人怎么进行加工的呢？普玛彭古遗迹的巨石都异常地重，一般重达几十吨，有些超过100吨。考古学家在确认其成分后，认为它们是非常坚硬的安山岩，只有在离遗迹100千米之外的地方才有这样的岩石。并且普玛彭古遗迹海拔高度在3500米左右，在没有现代卡车和起重机的情况下，完全靠人力是几乎不可能移动运输它们的。直到今天，也没有人知道这个工程奇迹是如何实现的。

普玛彭古遗迹是目前世界上众多巨石古遗址中**工艺技术最令人难以置信**的一处。除切割工艺外，石块与石块之间的凹槽里还灌注了**烧熔的合金**，使拼接更加牢固。

迪奎斯石球

哥斯达黎加，迪奎斯三角洲

20世纪30年代，工人们在清理哥斯达黎加迪奎斯三角洲的一片丛林时，发现在一大片区域内有很多个像是人工雕琢的石球。这些神秘球体的直径从70厘米到2.57米不等，但几乎每一个都是“完美”的球体。这些石球大多数用花岗岩制成，而石球所在地的附近并没有花岗岩石料。于是人们提出了一连串问题：这些石球有什么用途？这些球形结构堪称完美的石球是用什么方法加工出来的？当时的人们究竟用的是什么工具？没有人知道这些问题的答案。

有人猜测，工匠们可能**加热**了石头，使其更容易雕刻。

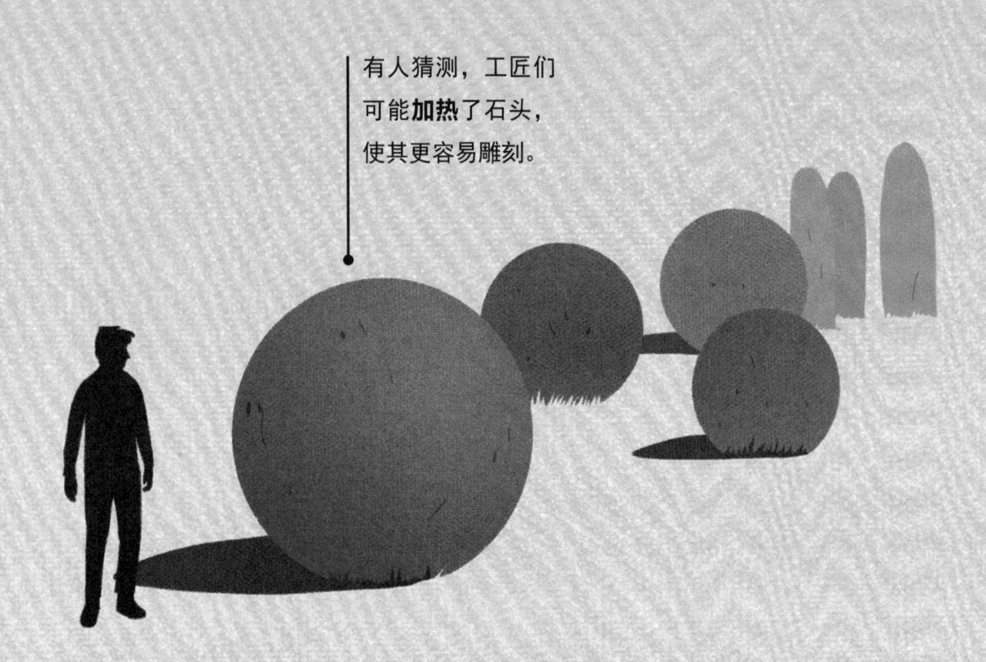

石缸平原

老挝，川圹省丰沙湾

在老挝北部川圹省丰沙湾的一片平原上，散落着数以千计的石缸。据考证，这些石缸雕凿于公元前500年到公元500年之间，每个缸都由整块坚硬的石料雕成。因为在一些石缸中发现了人类的遗骸，考古学家认为石缸当时是作为墓葬石棺使用的。一个石缸的石盖上雕刻着“蛙人”，在中国也发现了大约同时期的类似雕刻。但是石缸所用的石料当地不产，在2000多年前，这些石料是如何从采石场开采并运输的，石缸是在哪里制作完成的，又怎样放置在平原上？人们对这些问题知之甚少。

2019 年，老挝川圹省**石缸平原**被联合国教科文组织世界遗产委员会批准作为文化遗产列入**《世界遗产名录》**。

目前只发现了少数的**石盖**，说明大部分盖子是用诸如木材等**易腐烂的材料**制成的。

安提基特拉机械

希腊，安提基特拉

1901年，考古学家在研究从一艘古代沉船中打捞起的文物时，发现了一个木盒的残骸，里面是几个青铜残片。研究者们惊奇地发现这些残片来自一部约2100年前制造的精密仪器，它被认为是世界上第一台模拟计算机，或许它曾被用来追踪天体和行星的位置，计算月食、日食的日期。尽管可以大致确定它的年代，但至今还未发现其他类似的机械。如此复杂的机械装置究竟是如何制作出来的？它的全部计算功能是什么？科学家们仍在苦苦寻找答案。

人类拥有了X射线计算机断层成像技术以后，考古学家和科学家才逐步窥见了安提基特拉机械的内部。据估计，它的**齿轮结构**不少于30个，也有人认为至少有70个。如此设计的背后存在着非常巧妙的**机械算法**。

无法回答的疑问

今天，我们的工程项目可以用很多种不同的材料来建造，即使所需的材料在项目地附近无法获得也没关系，因为可以从世界上的任何地方把它们运输过来。同理，许多古代建筑使用的材料也来自很远的地方，不过当时的建造者是如何获得那些材料的，专家们往往也没有确切的答案。

就算远方的材料能够送达施工现场，仍然有很多问题需要回答。例如，在只有原始石质和木质工具的条件下，他们却建造出惊人而复杂的结构，并且没有为后人留下任何线索说明他们是如何做到的。

巨石阵

英国，威尔特郡索尔兹伯里平原

巨石阵是由巨石柱围成的环形石圈，大约始建于公元前2300年，是世界上建筑形式最复杂的史前巨石林，也是欧洲著名的史前遗迹。它的设计和独特的工程是无与伦比的，巨大的水平石块横架于外圈和三立石柱上，通过精心雕凿的接缝固定在一起，尤其独特的是，建造巨石阵使用了两种不同的石材：较大的萨尔森石（最重的超过40吨）来自约30千米外的一处采石场；规模较小的青石重量在2~5吨之间，来自240千米外威尔士的一处采石场。没有人知道这些石头是怎样从那么远的地方运过来的，运到现场后，巨石又是如何被立起来的。有人通过试验，认为工匠们可能先将石头推入预先挖好的大坑中，然后再用绳索将它们拉着竖立起来。

随着时间的推移，有不少石块**掉落或倾倒**。在1901年、1958年和1962年，人们几次将一些石块抬起并**放归原位**。

巨石阵是分**三个阶段**建造起来的，最为知名的**外环石圈**是巨石阵的“二期建筑”。

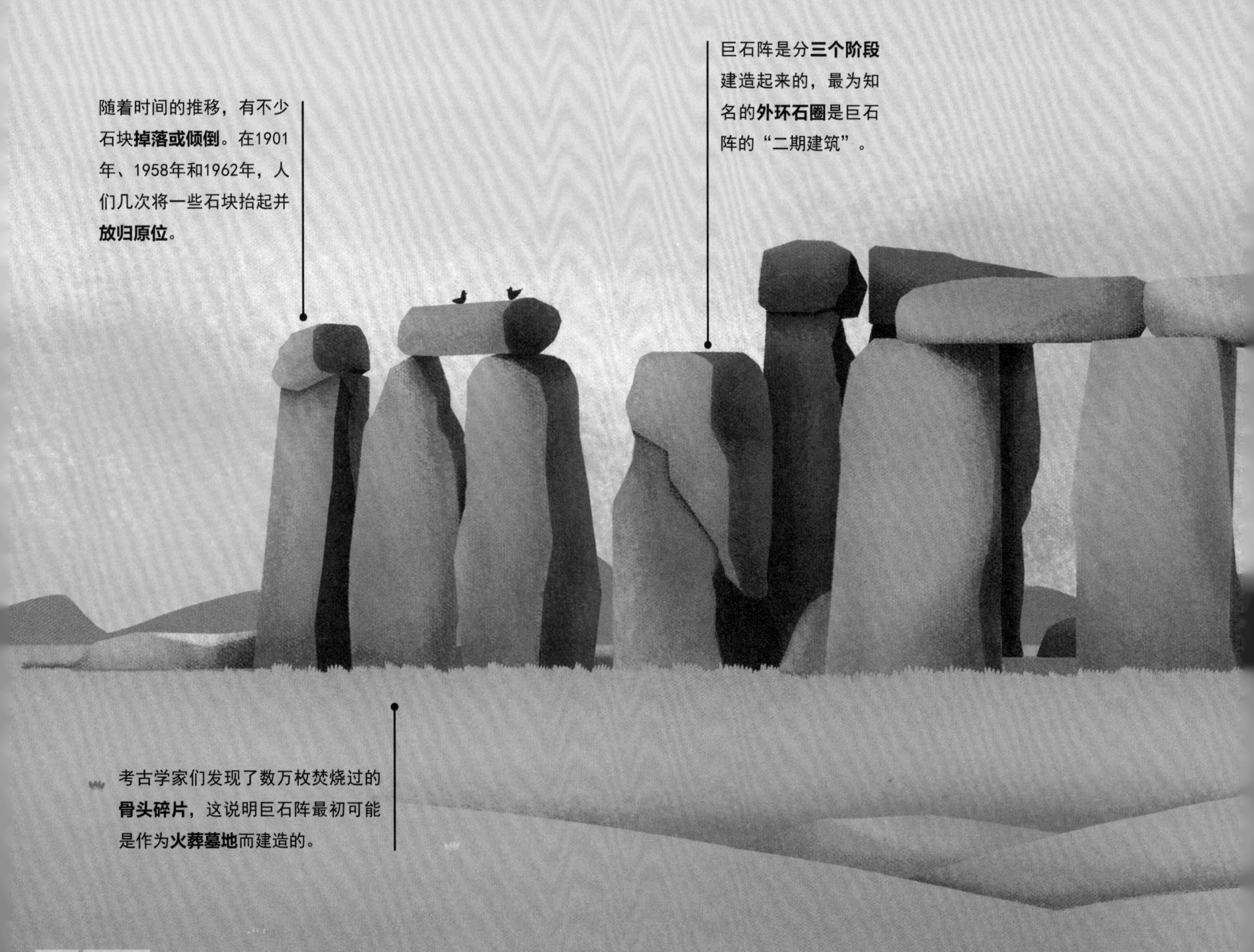

考古学家们发现了数万枚焚烧过的**骨头碎片**，这说明巨石阵最初可能是作为**火葬墓地**而建造的。

奇怪的结构

巨石阵的外圈由较大的萨尔森石柱组成，其中一些石柱高达8~10米，宽约2米；内圈由较小的青石组成一个圆形结构和一个马蹄形结构；再往里是由5座独立的三立石柱组成的马蹄形结构。整个巨石阵的最外围是直径约90米的环形土沟与土岗，内侧是一圈圆形土坑，共56个，被称为奥布里坑（以发现者英国考古学家约翰·奥布里的名字命名），这些坑存在的原因至今还是个谜。

在某个传说中，巨石阵最初建于**爱尔兰**，随后由巫师**梅林**运到了英格兰。

一块水平巨石横架在两根竖起的石柱上而组成的巨大拱门被称为**三立石柱**。

没有人确切知道巨石阵为何而建，但人们猜测，它有可能是远古人类为**观测天象**而建造的。

在敲击青石时会发出一种**奇特的响声**，这种看似神奇的特性也许可以解释人们为什么会从那么远的地方把它们搬来。

在巨石阵附近的田野里发现了大量**萨尔森石和青石的片状物**，说明这些石头被运到这里后经过了人为的雕凿定型。

纪念性工程

昔日文明遗留下来的纪念碑和构筑物所特有的历史文化线索，令人好奇，心生向往。虽然大多数的工程建设都有实用价值，但也有一些只是为了纪念重要的人物或事件。从战争的胜利或失败，到重大的灾难，再到伟大的体育赛事等，这些建筑矗立在那里，时刻向后人提醒着历史上的重要时刻。

英国，伦敦，阿塞洛米塔尔轨道塔

巴士底广场

法国，巴黎

1789年，法国爆发了大革命，普通民众为推翻君主专制统治而举行起义。由于巴士底狱被视为法国君主专制制度的象征，因此，法国大革命的一个关键转折点就是巴黎人民起义，攻占巴士底狱。1791年，巴士底狱被彻底拆毁。为了纪念这一事件并庆祝获得自由，巴黎人民把这里改建成一个大广场，称为巴士底广场。1830年，巴黎通过法令，决定在巴士底广场为“七月革命”的烈士立碑，于是建造了“七月柱”。

“七月柱”矗立在广场中央，上面镌刻着在起义中遇难烈士的名字。

水晶宫从施工开始到结束，总共花了不到9个月的时间便全部装配完毕。它是世界上第一座用**金属和玻璃**建造的大型建筑。

水晶宫的原始设计稿是随手画在**吸墨纸**上的，人们可以在伦敦的维多利亚和阿尔伯特博物馆里看到它。

水晶宫

英国，伦敦

1851年，第一届世界博览会在伦敦举办，展出来自世界各地的工业和文化杰作。英国政府决定在海德公园南侧兴建一幢大型临时展览建筑，最终，园艺师约瑟夫·帕克斯顿的水晶宫设计方案被采纳。方案创造性地将花房式玻璃铁架结构运用到建筑设计之中，整座建筑只用铁、木、玻璃三种材料。查尔斯·达尔文、夏洛特·勃朗特和维多利亚女王等名人都曾前去观展。水晶宫占地约7.4万平方米，原本是作为第一届世博会展品的展览场馆，不料却成了世博会中最成功的作品。博览会结束后，它被移至异地重新装配，1936年毁于一场大火。为了纪念这座非凡的建筑，这一地区后被改名为水晶宫。

为了纪念而建

兴建纪念性工程的原因有很多。在第一和第二次世界大战中，数百万人丧生，战后每个国家都在哀悼。为了纪念那些阵亡者，并提醒人们不要让大规模的战争再次发生，不同的国家、城市和村镇竖立起了各种战争纪念碑。

建立纪念碑有意义积极的一面。有些国家建造了巨大的纪念碑和雕像，庆祝其摆脱外国统治获得了独立，比如，柬埔寨独立纪念碑就是为了庆祝柬埔寨结束法国殖民统治、获得完全自由而建造的。当一个城市有机会举办重大的世界性活动时，如奥林匹克运动会或世界博览会，也会建造纪念性建筑或雕像。比如，阿塞洛米塔尔轨道塔就是为2012年伦敦奥运会设计建造的，是伦敦奥运会的标志性建筑之一。这给了这个城市或国家一个向游客展示的机会，并在以后的岁月中提醒人们这件事曾发生过。

华沙起义纪念碑

波兰，华沙

1944年8月1日，波兰爆发了反对德国占领军的起义。持续了63天后，起义失败，华沙遭到严重破坏。为此，波兰人民在战后建起了华沙起义纪念碑——它包括一组10米长的青铜雕像，描绘的是战士们在一栋建筑物废墟旁作战的情景；在这组雕像的台阶下方还有一组雕像，内容是士兵正帮助一位反抗者准备从检查井口进入下水道，反映的是在起义中波兰反抗力量曾利用城市的下水道系统秘密转移人员和情报的往事。

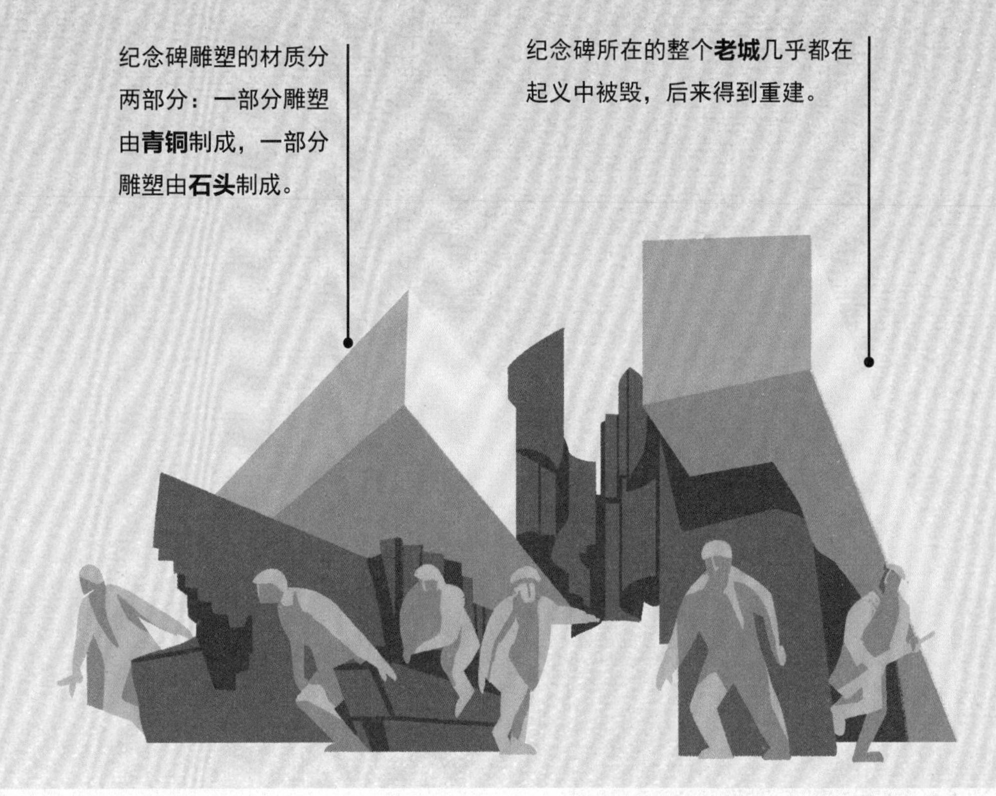

非裔公墓国家纪念碑

美国，纽约

非裔公墓国家纪念碑位于纽约，建在美国殖民时代最大的非裔美国人公墓的遗址上，以纪念那些死于奴隶制的人。它提醒人们非洲黑奴在建设纽约的过程中发挥了重要作用。纪念碑由几件艺术品和一幅直径8米的大西洋石质地图组成，展示了被俘奴隶从非洲到达美洲的路线。

在纪念碑旁边的博物馆里有一座雕塑——《被发掘的》，是根据遗址内发现的三具骸骨的**面部**而塑造的。

很难确切地说出有多少人被埋葬在这个公墓里，据说有将近**1.5万**人。

埃菲尔铁塔

法国，巴黎

埃菲尔铁塔是法国巴黎最著名的纪念性工程之一，始建于1887年，1889年竣工，是为庆祝法国大革命100周年和1889年在巴黎举行的世界博览会而建的，曾在长达41年的时间里是世界最高建筑物。塔为铁结构，最初被称为“300米塔”，几次安装天线后高约324米。2022年3月，又加装了通信天线和避雷针，高度增加至330米。埃菲尔铁塔由法国工程师古斯塔夫·埃菲尔设计建造，并以他的名字命名。这位工程师还参与了巴拿马运河（见第30—31页）和自由女神像（见第50—51页）的设计建造。这座塔最初是作为临时建筑建造的，原定在建后20年拆除，但后来它被用作无线电发射塔获得了新生。今天，埃菲尔铁塔是世界上游客最多的著名旅游景点之一。

到顶层去

虽然可以通过爬1665级台阶到达埃菲尔铁塔的顶端，但大多数人还是会选择乘坐电梯。铁塔内部从二楼到顶层有两部电梯，每年的总行程约10.3万千米，相当于绕地球两圈半。

这座塔经受住了考验，它在大风中的安全**摆幅达9厘米**。

高 330 米

在工程启动后不久，包括法国的艺术家和作家在内的一群人发起了**抗议**，他们反对修建这座铁塔，把它称为“无用而畸形的埃菲尔铁塔”。

建造埃菲尔铁塔共用巨型**梁架 1500 多根**、**铆钉 250 万颗**，预示着钢铁时代和新设计时代的来临。

众多复制品

在世界不少地方，包括拉斯维加斯、东京、悉尼等，都有这座标志性铁塔的复制品。美国有一个小镇叫巴黎，那里也有一个较小的埃菲尔铁塔复制品，上面还放了一顶牛仔帽。

抗震工程

地球的地壳由巨大的构造板块组成。它们非常缓慢地移动着，有时候这些板块也会相互挤压碰撞，从而引发地震。世界上的一些超大城市，比如旧金山、东京、马尼拉和伊斯坦布尔等，都位于大板块的交界处（因地震分布较集中，被称为地震带）。如果发生地震，这些地方有可能遭受较大规模的破坏，造成较大的人员伤亡。因此，工程师们必须设计出抗震等级高的建筑。

台北101大楼

中国，台湾省台北市

在2010年建成哈利法塔（见第16—17页）之前，2004年建成的台北101大楼曾经是世界上最高的建筑。它具有超高标准的抗风、抗震设计，可以抗17级强台风和承受10级以上的大地震。为了减缓建筑物的摆幅，在大楼里安装了重约660吨的调谐质量阻尼器，这个巨大的钢球被挂置在大楼的第88—92层。

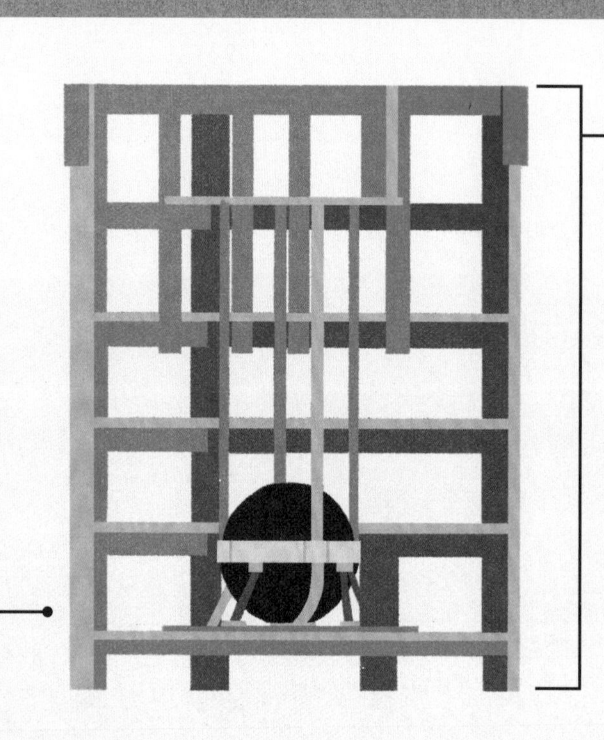

2015年，受一场暴风雨的影响，巨大的阻尼器单边摆幅达**100厘米**，而塔楼完好无损。

高 508 米

明石海峡大桥

日本，神户市到淡路岛

日本位于环太平洋火山地震带上，火山、地震活动频繁，因此，建筑工程的抗震性能对日本人民来说非常重要。跨越明石海峡的明石海峡大桥是一座悬索桥，全长3910米，为了保护大桥免遭地震破坏，在每根塔柱上都安置了调谐质量阻尼器。

明石海峡大桥1988年动工兴建，1998年通车，是世界上**最坚固、最长、最昂贵**的悬索桥。

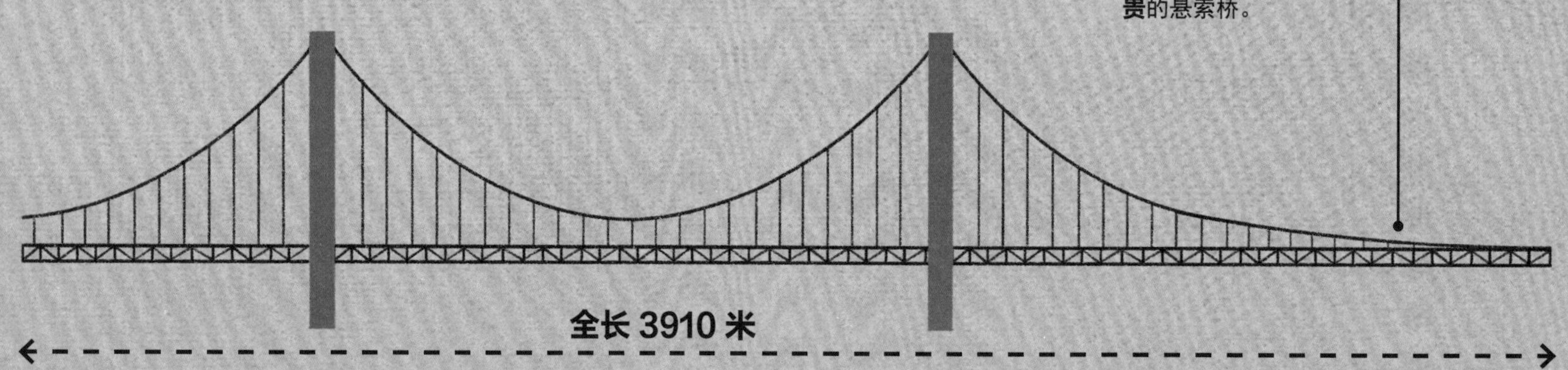

避免破坏

不同结构类型的建筑都适用的最常见的抗震方法之一是使用柔性材料，比如木材和钢材。而像石材这类刚性材料，因为本身没有发生变形的余地，会使结构更容易在地震中倒塌。相较之下，高层建筑更容易发生晃动，这也是有地震隐患的城市反而建有很多高楼的原因之一，因为晃动产生了位移，可以耗散地震的作用力，反而能使结构受到的破坏比较小。

建筑中可能会设置一些额外的钢梁，它们的作用是控制建筑物在地震时的晃动。这些钢梁增加了建筑物整体的刚度，从而使顶部的位移减小。

在抗震设计中，建筑的基础也很重要。建筑物和桥梁的地基可以实现在侧向有轻微的滑动，这样有利于建筑物在地震中保持稳定。

人们会在一些建筑物和桥梁上安放一个混凝土或钢制的重型装置，称为调谐质量阻尼器。在地震发生时，调谐质量阻尼器会与结构的其他部分发生不同方向的移动，帮助维持结构平衡，避免其倒塌。

马尔马拉隧道

土耳其，伊斯坦布尔

由于隧道深埋地下，它们通常不会受到地震的破坏。但有时地震引发的晃动会导致土壤的性状变得像液体一样（这个过程被称为液化），这时隧道就有可能会漂浮在海面上。2004—2013年，在伊斯坦布尔地下修建马尔马拉隧道时，人们在隧道外围的土壤中掺入了液态混凝土，令土壤更加致密，减少了液化的危险。

洛杉矶市政厅

美国，洛杉矶

在经历了几次大地震的破坏后，洛杉矶市的政府官员们决定对市政厅进行改造，增强其抗震能力。这种对老旧建筑进行的改造被称为提升其抗震性能。2012年改造完成后，洛杉矶市政厅的基础被加装了隔震器和粘滞阻尼器，这样在地震来临时，建筑的上部结构和地基之间就会发生相对位移，耗散了地震的能量，而上部结构整体是相对静止的。

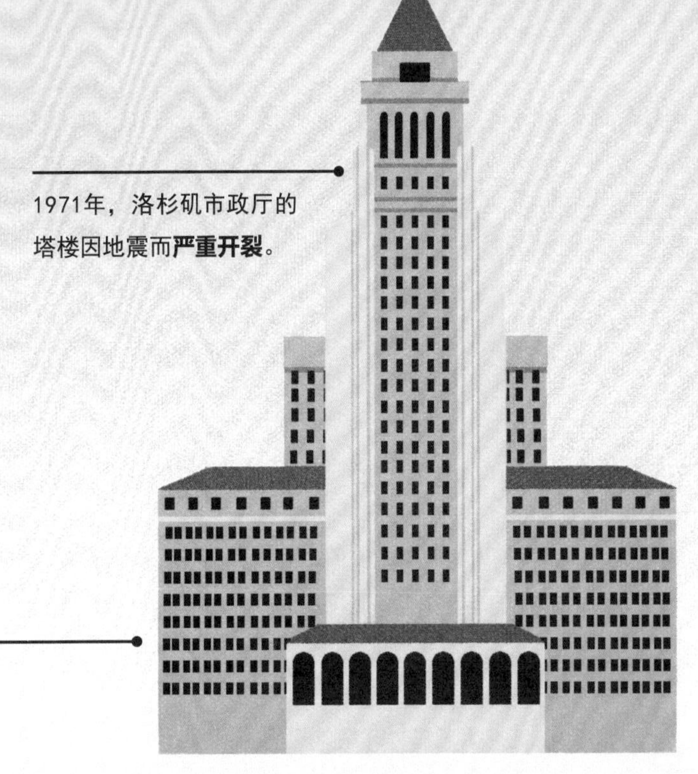

东京晴空塔

日本，东京

东京的最高建筑是634米高的东京晴空塔，它除了是世界最高的塔式建筑（哈利法塔为世界最高建筑）外，还是一个不可思议的抗震工程。东京晴空塔的主体结构由坚固的钢管组成，并在建筑物中心由上至下矗立一根巨大的混凝土柱子，由六个大型橡胶底座支撑着。钢管和混凝土柱在结构上是完全分开的，并在不同的方向上发生位移，于是产生了相对重量平衡，其作用和调谐质量阻尼器非常相似，是为了避免塔在地震中倒塌。

东京晴空塔是世界上**最高的塔**，也是仅次于哈利法塔的世界第二高建筑。

混凝土中心柱的高度**超过375米**，重量有近**万吨**。

高 634 米

东京晴空塔的色彩独具匠心，淡雅的白蓝色调被称为**“天树白”**，它是根据日本的传统颜色“爱次郎”调配而成的。

塔中的混凝土中心柱起到**抗震**的作用，这种柱子被称为**“通心柱”**。

东京晴空塔是以日本传统**佛塔**为原型设计的。

容易记忆的高度

东京晴空塔634米的高度是精心考虑的。因为该塔所在的地区曾被称为“Musashi”（武藏，旧国名），在日语中，“634”的发音与武藏国的发音相近（mu-sa-shi）。所以，这个数字对于日本人来说，非常容易记忆。

环绕在东京晴空塔上的**钢管**
使建筑有更好的柔性。

这座塔的名字是在全国征名
投稿中，由**投票**选出来的。

海上工程

地球表面约70%的面积被水覆盖着。我们的生活与海洋息息相关：我们依靠海上运输将人员和货物运往世界各地；我们所使用的石油和天然气约30%来自海底；越来越多的可再生能源来自海上风力发电场和潮汐电站（见第32—33页）；海洋鱼类也是我们重要的食物来源。

在科威特出土的一只**约公元前5000年**的彩绘圆盘上，我们可以看到**已知最早船只的图案**。

摩西计划

意大利，威尼斯

意大利的威尼斯古城是世界上几个知名度最高的城市之一。几个世纪以来，威尼斯都一直备受洪水的困扰，而地基持续下沉和全球变暖意味着洪水的规模将变得更大、出现得更加频繁。为了应对这前所未有的危机，当地政府于2003年启动了摩西计划，这是一项旨在保护城市的巨型防洪工程，也是意大利有史以来最大的防洪工程。

摩西计划设计在3条连接威尼斯潟湖与亚得里亚海的通道上，建造78座装有铰链枢纽的活动水闸。每个水闸的活动板重300吨，约28米宽、20米高。水闸安装在埋入海底的水泥基座上。当预报有大海潮来袭时，压缩空气就会被注入中空活动板，帮助活动板竖立起来。当78座水闸全部升起时，形成堤坝，立在潟湖与亚得里亚海之间，阻止亚得里亚海的海水继续涌入，令威尼斯城不再受到洪水的侵袭。

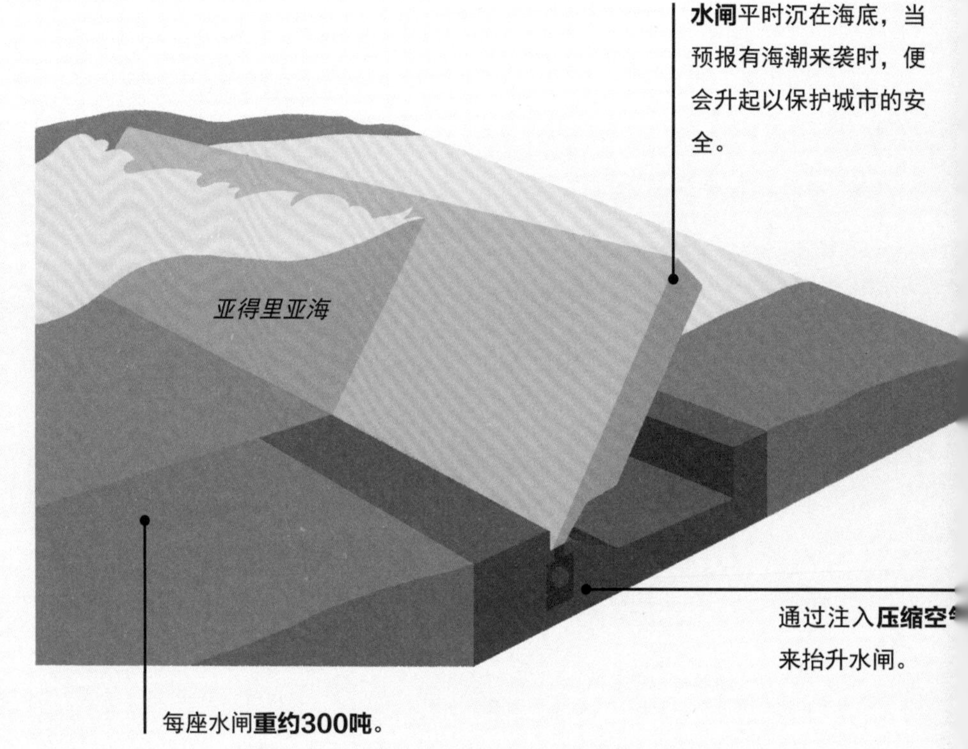

水闸平时沉在海底，当预报有海潮来袭时，便会升起以保护城市的安全。

通过注入**压缩空**
来抬升水闸。

每座水闸**重约300吨**。

“海上巨人”号油轮

“海上巨人”号油轮始建于1979年，船体长458.5米，是迄今为止最长的船，也是载重量最大的船。它于1981年下水，被用于原油运输。由于船体是如此巨大，以至于它无法通过英吉利海峡、苏伊士运河和巴拿马运河（见第30—31页）中的任何一个。1988年，“海上巨人”号油轮在海湾战争期间被导弹击中而沉没。战争结束后，船只残骸被打捞起来并进行了修复。2009年，它在印度被拆解，海上巨无霸就此消失。

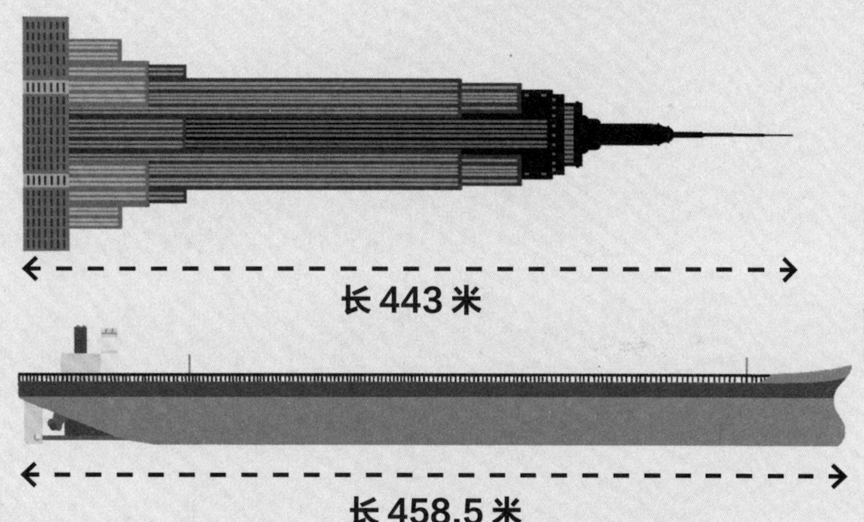

这艘巨轮比“横躺”下来的**帝国大厦**还要长15米多。

“潜水员”号潜艇

1863年，法国建造了第一艘以蒸汽机为动力的潜艇，它被称为Plongeur（法语意思是“潜水员”）。“潜水员”号潜艇长约43米，下潜深度约10米。它的气动马达需要23罐压缩空气来提供动力，它们占据了潜艇内部的大部分空间。

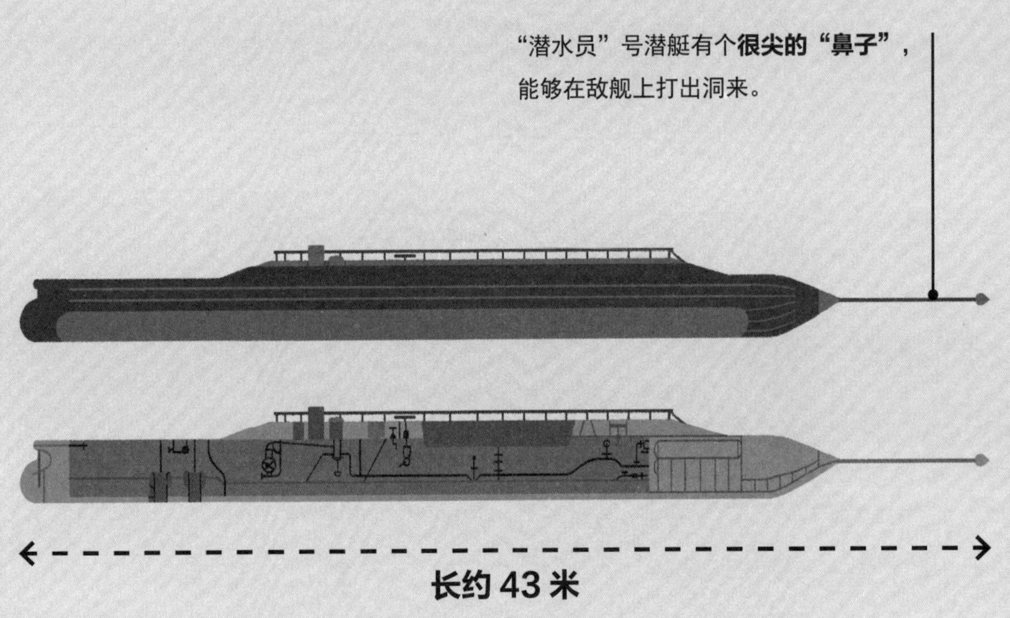

佩特洛尼乌斯钻井平台

大西洋，墨西哥湾

佩特洛尼乌斯是位于墨西哥湾的一个石油钻井平台，在美国新奥尔良海岸线以外约210千米处，高度接近610米。不过，它的大部分结构都藏在海面以下，露出海面以上的高度约为75米。依据设计，这个石油钻井平台在强风中会产生一定的摆动，这样可以减小在极端海洋天气下受损的可能。

高出海面约 75 米

2004年，佩特洛尼乌斯钻井平台受**飓风“伊万”**影响，受损严重，不过在一年内就得到了修复。

船舶工程

一些海事工程师被称为船舶工程师，他们的专业技能是建造船舶和潜艇，并且对它们进行维护。一个新项目开始时，他们首先需要确定船舶的形状和大小，因为这将决定它在水中行驶的难易程度和快慢，有效降低其在大风或巨浪中倾覆的风险。船舶工程师也是石油和天然气钻井平台、风力发电机以及潮汐水坝的设计维护团队的重要成员。

海上工程与其他类型的工程不同，因为船舶工程师必须对海洋的特性有足够的了解。海中的波浪和潮汐是不断移动的，海上一旦发生风暴就会变得非常危险，海水中的盐分也会使金属快速生锈。

气候变化导致的全球变暖使海平面在逐年上升，许多沿海城市受到的洪水威胁越来越大。为了保护这些城市而设计建造的新的防洪设施，海事工程师也会参与其中。

“大东方”号

英国，利物浦

伊桑巴德·金德姆·布鲁内尔是19世纪最伟大的工程师之一。他设计过隧道、桥梁、铁路和船只，其中很多都留存到了今天，而他最伟大的成就之一就是设计制造了“大东方”号巨型邮轮。

“大东方”号于1858年正式下水，凭借着211米长的船身，成为当时世界上最大的船只。布鲁内尔设计它时目标极其宏伟，那就是能往返于伦敦和悉尼而不需要中途添加燃料。但实际上，“大东方”号完成的却是横跨大西洋的航行。它在服役30多年后最终报废，于1889—1890年拆除。

这艘船太大了，以至于没有足够纵深的船台来容纳它，所以只好使用**横向船台**来建造并且采用**侧向下水法**下水。

这艘船的最后时光是作为一个**浮动音乐厅**，在英国利物浦的默西河上往返航行。

顶部桅杆在船报废时被抢救出来，现在是屹立在利物浦足球俱乐部主场安菲尔德的一根**旗杆**。

传闻，拆除时在双层船壳间发现了两具**骸骨**，据说那是困死在双层船壳里的造船工人。

双层船壳

“大东方”号在工程上的首创之一是采用了双船壳——一层船壳嵌套在另一层里面。一旦外层船壳漏水，还有额外的安全防护。

“大东方”号几经修补和转手后，被改造为一艘布缆船。1866年，它成功地铺设了第一条横越大西洋的**电缆**。

著名的工程设计师

如果没有工程设计师，我们的世界就不会像今天这样。自从人类出现以来，一些具有开拓精神的人就在改变和塑造着人类的生活方式。从交通到建筑，从兵器到桥梁，那些杰出的工程设计师用他们新颖独特的发明创造改变了人类历史的进程。

1876年，伊丽莎白·布拉格·卡明获得**土木工程学学位**，她是美国**第一个**获此学位的**女性**。

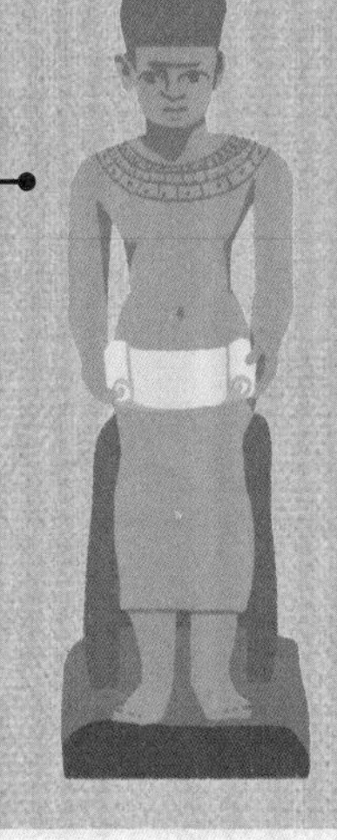

伊姆霍特普是古埃及第三王朝法老左塞尔的维西尔，也是一位祭司、作家、医生，他是埃及天文学、建筑学的奠基人，取得了伟大的成就，以至于后来的古埃及人把他**当作神来崇拜**。

伊姆霍特普

埃及，大约公元前27世纪

伊姆霍特普是历史上第一个有记载的建筑工程师，他设计建造了古埃及的左塞尔阶梯式金字塔。这座金字塔和其他几座相似的金字塔，其建造之巧妙甚至让有些人认为是外星人建造的。事实上，它们当然不是出自外星人之手，古埃及的工程师利用创新的技术和最新的计算方法，完成了建造金字塔的伟大壮举。

伊姆霍特普也是第一个在建筑中使用柱子的人。

阿基米德

古希腊，前287—前212

伟大的古希腊学者阿基米德曾经发明了各种各样的工具和机械，比如一种被称为“阿基米德式螺旋抽水机”的抽水装置，以及利用杠杆原理制造的投石器和起重机。他最著名的轶事应该是他洗澡时找到了测定固体在水中排开水量的方法。传说当阿基米德发现计算的奥秘后，从澡盆里跳出来，衣服都顾不上穿就跑了出去，口中大声喊着“尤里卡！尤里卡！”（意思是“找到了！”）。

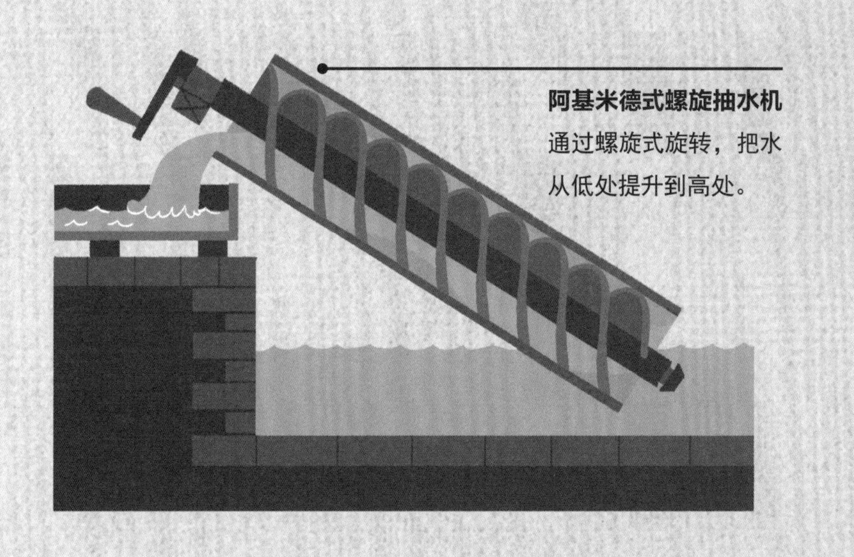

阿基米德式螺旋抽水机通过螺旋式旋转，把水从低处提升到高处。

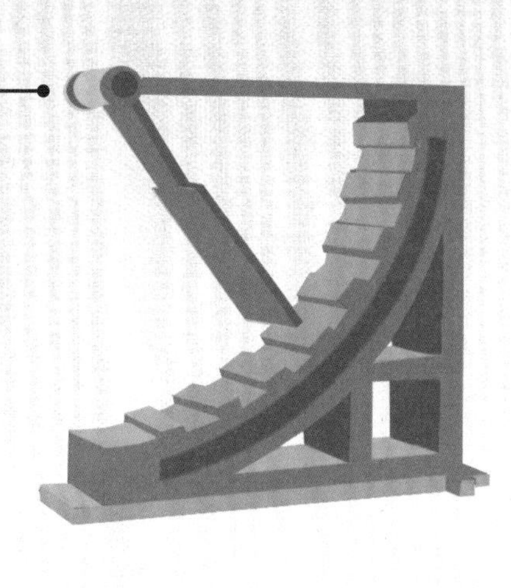

风速计上的指针在风中发生摆动，摆动的幅度由弧形木板上的刻度表示。指针摆得越高，表明风速越大。

达·芬奇

意大利，1452—1519

达·芬奇是意大利文艺复兴盛期的杰出人物之一，被称为博学者——他是著名的画家、自然科学家、数学家和工程师，在其他领域也有显著的成就。达·芬奇在地质学、物理学、生物学和生理学等方面提出不少创造性的见解，在军事、水利、土木、机械工程等方面，也有重要的设想和发现。他有大量的有关自然科学工程的手稿存世。

人类工程大事记

新石器时代的建造者

早在公元前9000年，人类就已经建造了房屋、神庙和坟墓。苏格兰的斯卡拉布雷是一个新石器时代的人类定居点，据测定，村落大约建造于4000—5000年前。由于保存完整，斯卡拉布雷被联合国教科文组织列入《世界遗产名录》，也使考古学家对新石器时代的建筑技术有了宝贵的认知。

公元前12000—公元前3000年

巨石阵
公元前24世纪

公元前3000—公元前300年

古埃及时期的建造者

古埃及时期建造者的技术是惊人的。虽然没有现代工具，他们却设法建造出了巨大而奢华的宫殿、神庙、金字塔和城镇。他们使用了各种坡道、滑轮，动用了成千上万的工人，将巨大的石头拖到高大的金字塔顶，他们甚至能够用黏土烧制砖块。

公元前214年
中国万里长城

罗马帝国时期的工程师

罗马帝国时期工程师们最伟大的成就之一就是发明了高架水渠，这样就可以把远处的水源源不断地输送到人们生活的城市。高架水渠的出现，也使利用水力来驱动的磨盘或采矿设备的水车得到了广泛使用。

公元前27—476年

476年—15世纪末

中世纪

在中世纪，世界上大部分地区都战争不断。十字军东征，许多欧洲国家相互争斗，正因为如此，军事工程有了长足的进步。人们出于防御目的建造了城堡和要塞，并发明了火炮和大型投石机等武器。

地理大发现

受到新科学观念的鼓舞，一些国家的决策者和探险家为寻求财富和土地，先后进行了多次远航。航海家们开辟出新航路，发现了新大陆，从而扩大了世界市场，可以在整个世界范围内选择所需的资源。

1401—1600年

18世纪60年代—19世纪

产业革命

产业革命是工程领域的一个巨大转折点，这场革命以机器取代人力，从个体手工生产转向大规模工厂化生产。能源转换革命使大规模生产变得普遍，转眼间，大型建筑可以用更少的人力更快地建成。一般认为，蒸汽机、煤炭、铁和钢是促成产业革命技术加速发展的主要因素，人们不仅可以更便捷地搬运材料，也带来了建筑材料的变化。

电的发明

工程师们开始探寻用电能为机械提供动力的新方法，这些技术改变了我们今天的生活方式。发明家托马斯·爱迪生和约瑟夫·斯旺先后为电灯泡申请了专利，与此同时，尼古拉·特斯拉和马可尼则在争抢实现无线电通信第一人的位置。

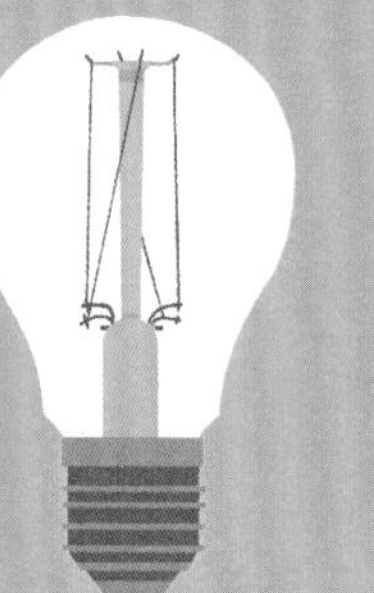

1801—1900年

1858年
“大东方”号邮轮

1863年
伦敦地铁

自由女神像
1886年

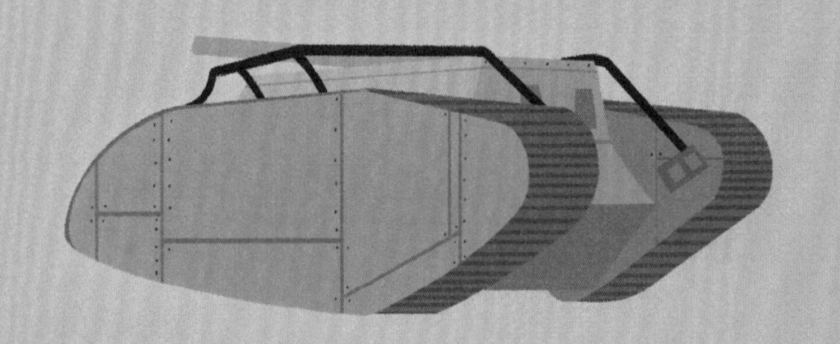

第一次世界大战

坦克的发明改变了战争的方式。士兵们穿越危险地带时被射杀的风险大为降低，而军队在一次战役中的伤亡人数也得以减少，可以夺取更多的阵地。其他一些军事进攻手段，比如毒气弹和战斗机，也是在这个时候发展起来的。

1914—1918年

埃菲尔铁塔
1889年

1914年
巴拿马运河

1916年
西伯利亚大铁路

技术治国运动

美国和加拿大的许多人士呼吁技术治国——主张由科学家和技术专家取代政客和商人，来全面管理社会。虽然这项运动的主张从未真正实现过，但它也反映出科技专家的工作在20世纪是多么有价值。

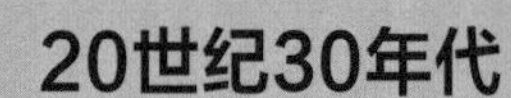

20世纪30年代

胡佛水坝
1936年

金门大桥
1937年

1901—2000年

20世纪

实现了一系列的工程突破。飞机的发明使人员和货物的运输比以往任何时候都更快捷、更高效，而计算机的诞生则意味着工程师们可以用其进行计算、模拟，高效地设计新结构。

国际空间站
1998年

1957—1969年

太空竞赛

这个时期见证了一些令人难以置信的工程突破，因为美国和苏联为争夺航天实力的最高地位而展开了竞赛。仅仅在第一架飞机被研制出来的几十年后，人类就已经踏上了将动物和人类送入零重力环境的漫长研究之路。第一颗人造卫星是苏联发射的斯普特尼克一号，第一个进入太空的人是尤里·加加林。1969年，3名美国航天员执行登月任务，尼尔·奥尔登·阿姆斯特朗成为第一位踏上月球的航天员。

21世纪

直到今天，工程技术仍在高速发展。3D打印为人们提供了一种能简便制造电气部件、建筑材料甚至是身体部件的方法，而互联网则让人们只需轻点鼠标就能获取想要的信息。即便如此，人类在建造工程的道路上，仍在努力追求更高、更快、更强……

2001年至今

东京晴空塔
2012年

2006年
朱美拉棕榈岛

2012年
碎片大厦

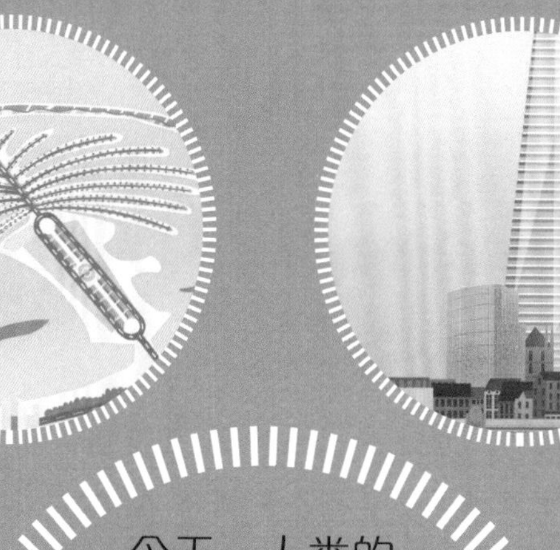

今天，人类的很多工程都致力于让世界变得更美好，比如**对可再生能源的利用、治理水污染、医学上的重大突破**等。

艾米莉·罗布林

美国，1843—1903

布鲁克林大桥连接曼哈顿和布鲁克林，横跨东河，是美国纽约市的标志性建筑。1869年，负责建造布鲁克林大桥的总工程师约翰·罗布林不幸逝世，他的儿子华盛顿·罗布林接任了大桥的总工程师。华盛顿·罗布林因亲临一线，在水下施工而患上重病，之后再也无法前往施工现场，只能远程监督，每天口述各种指令，由他的妻子艾米莉·罗布林记录并转达。为此，艾米莉·罗布林开始攻读工程学，在大桥十几年的建设中发挥了巨大作用。时至今日，在布鲁克林大桥上仍有一块铭牌是献给艾米莉的。

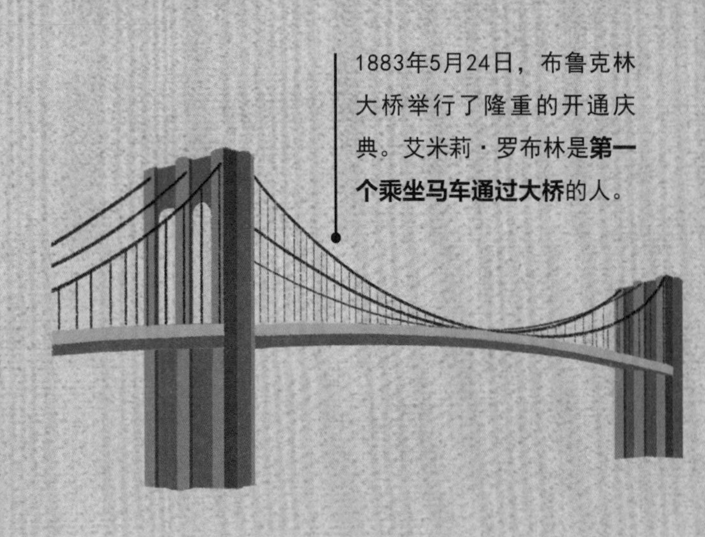

1883年5月24日，布鲁克林大桥举行了隆重的开通庆典。艾米莉·罗布林是**第一个乘坐马车通过大桥**的人。

莱特兄弟

美国，威尔伯·莱特（兄），1867—1912，
奥维尔·莱特（弟），1871—1948

作为飞机的发明者，莱特兄弟是必将载入工程史史册的。1903年12月17日，在美国北卡罗来纳州基蒂霍克的一个海滩上，他们带有滑橇的双翼飞机“飞行者1号”试飞成功——飞机留空时间12秒，飞行距离36米。这次短暂的飞行实现了人类历史上第一次重于空气、装有动力装置的航空器飞行。

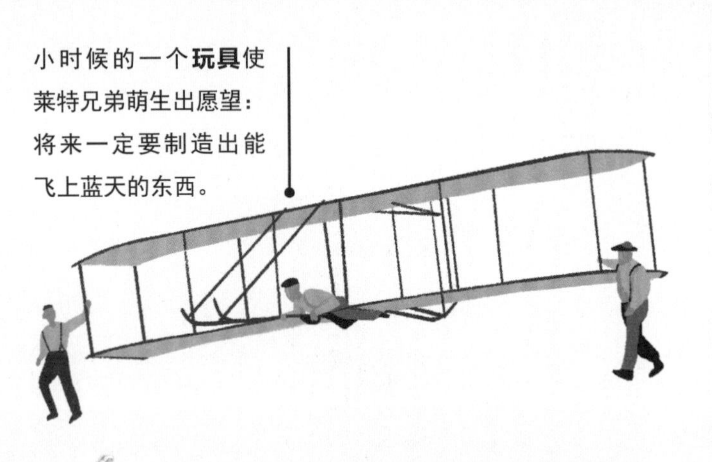

小时候的一个**玩具**使莱特兄弟萌生出愿望：将来一定要制造出能飞上蓝天的东西。

法兹勒·拉赫曼·汗

美国，1929—1982

法兹勒·拉赫曼·汗是孟加拉裔美国建筑师和工程师，他常被誉为“现代摩天大楼之父”和“结构工程领域的爱因斯坦”。作为20世纪杰出的高层建筑结构大师，他是“核心筒原理”的提出者和践行者，这是当今几乎所有高层建筑的基础。该结构体系以平面中心一个坚固的金属筒为核心，其他结构部分均围绕这个核心筒建设，这种结构形式确保高层建筑可以有效地抵御地震和强风。

美国芝加哥的**威利斯大厦**（原名“西尔斯大厦”）是法兹勒·拉赫曼·汗最著名的设计之一。

海蒂·拉玛

美国，1914—2000

海蒂·拉玛出生于维也纳首都奥地利，作为一名成功的好莱坞女明星，她曾出现在世界各地的大荧幕上，为人所熟知。但很多人可能不知道的是，海蒂·拉玛还是一位天才的工程师、发明家。在第二次世界大战期间，她发明了一种新型的无线电跳频技术并申请了专利。很多人都认为她的发明为21世纪的无线局域网（Wi-Fi）技术铺平了道路。

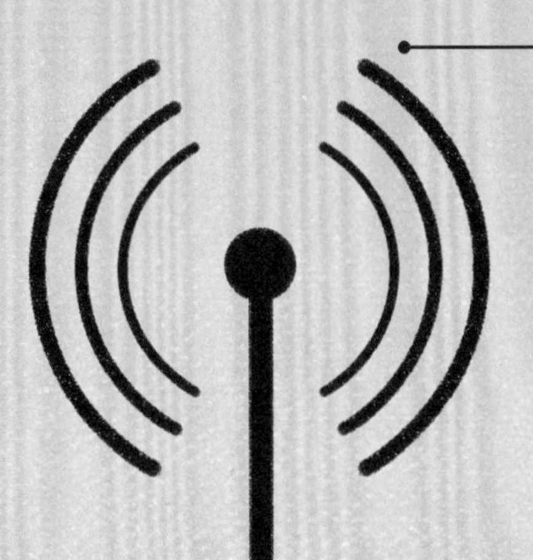

海蒂·拉玛发明的**跳频技术**曾在海军作战中应用多年。

未来工程

几个世纪以来，工程师们为这个世界面临的各种问题提供了切实可行的解决方案，他们开发了新工具、新材料和新技术，使建造新结构变得更容易、更可行。但在今天，新的问题仍在不断出现，亟待工程师们去解决。

义肢手臂

绿色工程

建造新的铁路、桥梁和建筑物都会产生对环境不利的温室气体。例如，混凝土是建筑物的重要建造材料，也是二氧化碳的最大来源之一。此外，大多数汽车和飞机都是靠化石燃料提供动力的，而化石燃料是有限的，而且对环境有危害，所以工程师们必须寻找新的、可再生的能源，比如巨大的风力发电机组可以将风能转化为电能。工程师们也在一直不断地寻找新的技术，以便从阳光、水、植物甚至潮汐的力量中获取能量（见第32—33页）。一些环保工程师还试图将氧气生产纳入到“人类制造”的体系中，例如意大利米兰的“垂直森林”项目。

许多沿海城市和村镇都建有**防洪墙**，以保护自己免遭洪水的侵袭。

天气变化

全球变暖正在使地球上的气候发生重大变化，未来很可能会变得更糟。工程师们必须努力寻找新的方法，以确保我们的城镇和城市免受极端天气的影响，如飓风、森林大火和洪水等。

“垂直森林”是意大利米兰的两座摩天“树塔”，是世界上第一对绿色公寓楼。种在外墙体的树木有助于增加湿度、吸收二氧化碳、防止雾霾和制造氧气。

两座塔楼分别种植了**约1.7万**株植物。

智能手机

今天，几十亿人随身携带着智能手机，这让我们比之前的任何一代人都更紧密地联系在一起。我们可以在不到一秒钟的时间内访问大量信息，与来自世界各地的人联系，所有这些都只需简单地轻击几下屏幕。物联网还让我们可以通过网络用手机连接日常设备，比如家里的空调、电灯、洗衣机、扫地机器人、电饭锅等。

智能眼镜、**智能手表**等可穿戴技术在未来将会更加普及。

2016年，约有**37亿人**拥有智能手机，而只有**25亿人**拥有牙刷。

生物医学工程

工程学的意义远不止于修造建筑物和交通工具。生物医学工程师们在健康和保健行业取得了巨大进步，提供了帮助人们活得更久、更健康的新方法。3D打印技术为生物医学工程师们创造出激动人心的新机遇，现在，制造复杂的假肢比以往任何时候都更容易实现，价格也更有可能被人们支付得起。3D打印甚至可能很快就能为器官移植患者打印心脏和其他器官，这有可能挽救成千上万人的生命。

你几乎可以用任何材料进行**3D打印**，包括木材、金属，甚至活体组织。

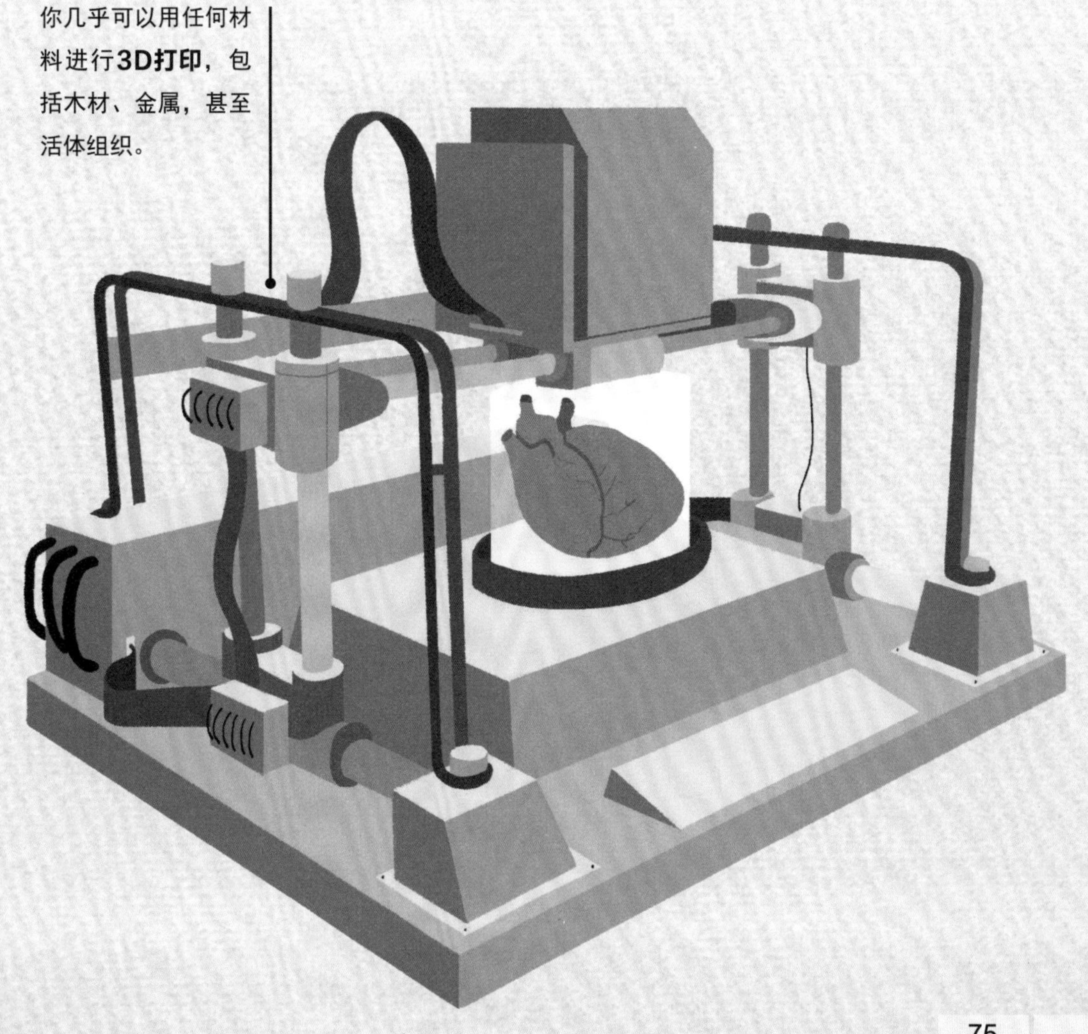